BASICS

DESIGNING WITH WATER

수공간 디자인의 기초

BASICS

DESIGNING WITH WATER

수공간 디자인의 기초

Axel Lohrer 저

반상철 옮김

Spacetime

차례 CONTENTS

머리말

우리는 세계의 자연명소 중의 하나인 나이아가라 폭포의 절경을 보기 위해 또는 티볼리 주변의 생기발랄한 분수에 감탄하기 위해 멀리 여행을 한다. 우리는 그 물의 흐름을 보러 개천과 시냇물을 따라간다. 등산을 한 후에는 숲속 샘물에 손을 담가 식히기도 한다. 물이 전개하는 다양한 모습은 많은 체험을 할 기회를 주기도 한다. 그리고 인공적이거나 예술적이기도 한 물의 경관은 자연과 함께하려는 많은 요소들을 제공해 주기도 한다.

잘 디자인 된 물 관련 시설을 더 자세히 살펴보면, 그것들은 보통 그 대지의 잠재적 능력에 적합한 요소가 되어 있음을 보여주고 있고, 외부에서 유입된 문화를 반영하기도 하고, 그 대지에 독특한 특징을 부여하며, 혹은 즐겁게 놀 수 있는 장소를 제공해 주기도 한다.

외부의 수공간 디자인을 창조하는 것은 공간, 기능, 개념과 기술적 공법과 같은 면에서 특화된 시도를 하는 것이다. 계획가로서 우리는 물을 좀 더 가까이에서 다룰 수 있는 색다른 방안들을 연구하고 있다. 아이디어와 디자인 해결방법은 하나의 개념 안으로 쉽게 통합된다. 그러나 그것이 실제 계획되고, 디자인 안이 공간에서 비중 있게 창조되며, 재료를 선정하고, 그 하중량과 내력을 산정하여 신속하게 하나의 지식자료로 시도하게 된다.

이는 이러한 제목으로 조경건축 분야에 "기본이 되는" 책이 출간되어야 하는 충분한 이유가 될 것이다. 이 시리즈는 바로 다음 방법론의 이해를 돕고, 필수요소들을 강조하며, 알아야 할 것이 더욱 많음을 일깨워 주는 것을 목적으로 조경건축학과 첫 학기 강의주제로 내놓을 작정이다.

저자는 물과 그 디자인 가능성에 관한 주제의 전반적인 범주로 독자들을 이끌고 있다. 물이 가진 매력은 신비함과 오락, 그리고 기술적인 시도 사이를 오가는 기본요소들로서 나타내진다. 계획지로의 특별한 접근방안은 디자인을 개발하고, 그 틀에 맞는 용어를 모색해 가는 것이며, 정확한 재료의 선정에 대해 논의해간다. 기술적으로 디테일한 점들은 "기술적 변수들"이란 장에서 설명될 것이다. 각 장에서는 시각적으로 사례와 도표를 첨부하였고 이는 디자인 방법론의 개발을 도와 줄 도구로서의 역할을 하게 될 것이다. 이 책은 주제에 대한 이해를 증진시키고 실제 적용할 수 있도록 유용한 방법과 설명을 제공하고 있다. 이 모든 것들이 성공적인 디자인으로 이끌어 주게 될 것이다.

베르트 비엘레펠드, 편집자

0. 서론: 물의 다양성에 대하여

조경건축은 여러 가지 복합적인 원리를 가지고 있다. 자연의 요소에서 비롯된 건축적 형태와 구조물들이 창조 가능한 존재인 것처럼 조경 또한 자연의 무한한 범주와 많은 다양성을 가지고 있으며 그것 안에 내재된 신비롭기까지 한 힘과 뿌리 깊은 매력을 가지고 있다.

물은 자연의 요소 중 아주 독특한 영역을 가지고 있다. 인간과 물과의 관계들을 보면 복잡하고, 이중적 특성이 있으며, 아주 넘치거나 부족함 사이에서 왔다 갔다 하는 성질이 있다. 물은 삶의 근원이기도 하다. 물의 에너지와 치유적 성질, 가볍고 맑으며 명상과 영감과 같은 것을 우리가 갖게 해준다. 그러나 또한 위험요소도 가지고 있다. 여전히 공포와 경악, 그리고 가뭄과 홍수로 인간의 생명을 위협하기도 한다.

디자인 요소로서 물을 대상으로 한 작업은 이런 대립되는 면들에 포함되기도, 포함하기도 한다. 반면 물이 갖는 감정의 환기나 기억, 또는 기술적 가능성을 가지고 있기도 하다.

천연자연 요소

물은 천연의 자연 그래서 완벽한 수수함, 자유, 무한한 힘 등을 나타낸다. 즉, 기술에 족쇄 채워진 세상과 대립을 상징하고 있다. 이러한 과제들은 낙수의 놀라움과 힘차게 용솟음치는 분수 또는 안개 자욱한 조각품 등의 다양한 형태로 다이내믹하게 표현된다.

신비감

물은 죽음의 문제와 삶의 상징이란 양면을 가지고 있어, 자연의 신비로움과 철학적 근원을 가지고 있다. 세계 여러 곳에서 물은 활력소가 되고 특히 인간생존이 물 문제의 해결에 달려 있기도 하다. 전설과 노래 또는 상징의 대상으로 나타나는 신비하고 의인화한 요소들로서 물의 이미지는 수공간 디자인을 개념상으로 촉진시켜 주기도 하고, 또는 거기에 조각적 장식들을 덧붙이는 것 등으로 표현되기도 한다.

순수한 휴식

물은 또한 그 역할이 세척과 목욕에도 있기 때문에 청결과 정화와 관계되어 있다. 이는 침례교의 세례반(洗禮盤), 회교사원 외부에 자리한 분수 등과 같이 종교에 기반을 둔 여러 요소들도 볼 수가 있다. 작은 세족장, 천연 수영연못, 정교하게 꾸민 온천욕장 등에서 물은 휴식과 놀이 및 스포츠 등과 동의어라고 할 수도 있을 것이다.

또한 물은 부와 권력의 중심에 있다고 할 수 있다. 로마시대 수로의 하부에 화려하게 장식된 분수대, 베르사유 궁전의 거대한 수로의 축 그리고 오늘날 중국에서 건설한 거대한 댐 등를 만들어 과시하려고 한 것처럼 디자인을 통해 높고 우월한 권력의 상징으로 개발되는 데에까지 이르기도 했다. 물이 어떠한 디자인 요소로 적용되느냐에 따라 특권적이기도, 상징적이 될 수도 있다. 시장에 있는 분수대는 도시의 중심이 되며, 쇼핑센터는 역동적인 물의 연출로 고객을 유혹한다. 오피스 밀집지역에 벽천을 타고 흐르는 분수는 그 지역이 매우 중요한 지역임을 상징하기도 한다.

건물의 유통루트나 재난방지에 물의 공급이 필요해진 것처럼 수 세기에 걸친 기술적 도전으로 개발된 해결책은 물 관리에 있어서 발전과 함께 실제적인 지식이 축적되었다는 것이다. 각기 다른 지역의 과제에 따라 자연경관과 함께, 물을 가지고 할 수 있는 기술적인 방법들로 분수, 물탱크, 홍수조절용 구조물과 같은 지역 특성적 기술자원들이 있다.

물을 이용한 디자인은 항상 다양하고 복잡한 배경을 전제로 이루어진다. 그것은 형태, 움직임과 기술 등에 대해 폭 넓게 설명할 수 있고, 어떤 현상과 신화, 이미지 등을 가지고 있기 때문에 그것을 멋지게 반영하기 위해 환상과 창조가 뒷받침되어진다. 그러나 최종 결과는 궁극적으로 무슨 문제점이 있는지, 건축적 요소로서 얼마나 기능적인지, 물의 다양성과 매력이 얼마나 확실하게 나타나는 지에 있을 것이다.

표 -1:
물의 요소 (예)

형 식	자유 요소	활용 요소
분출형 물	샘물	분수
	간헐천	제트 분수
	폭포	벽천
흐름형 물	강	운하
	시내	배수구
	개천	인공수로
정체형 물	호수	욕조
	연못	싱크
	풀	물통
	웅덩이	새물통

1. 물의 흐름 – 모델과 사례

물은 여러 가지 방식으로 개발될 수 있기 때문에 매우 선호되는 디자인 요소이다. 거의 무한정의 디자인으로 나타나고 있고 자연경관과 인공의 기술적 방식으로 만들어진 영감을 반영한 여러 실현 사례들이 있다.

물은 계속해서 자연스럽게 흐르며, 수공간 요소는 유형학적인 단계가 만들어지기도 하고 그 각각의 특징 – 분출, 흐름, 머묾 그리고 사라짐. 등과 같은 – 에 따라 다양한 흐름의 형태로 정의되어 가장 명백하게 적용 가능성을 갖게 하기도 한다. 〉표 -1 참고

1.1 분출수

분출되는 성격의 물은 샘물과 간헐천, 안개 분수 또는 폭포 등의 자연적인 형태로 디자인 될 수 있다. 나아가 인공적인 면에서 벽천이나 거대한 분수 등이 활용될 수 있을 것이다. 〉그림 1, 2 및 3 참고

분출수의 양은 어떤 디자인 개념에서건 하나의 핵심적인 부분이며, 또 다른 동적인 형태를 포함하고 있다.

_ 분출수 압력의 양
(졸졸 흐르는 실개천이나 왕성한 간헐천)

_ 물의 규모 (가는 파이프나 폭포의 흐름)와 수원(水源)
(물 분사의 한줄기, 직선형 또는 큰 영역을 차지하는 인공 분수) :

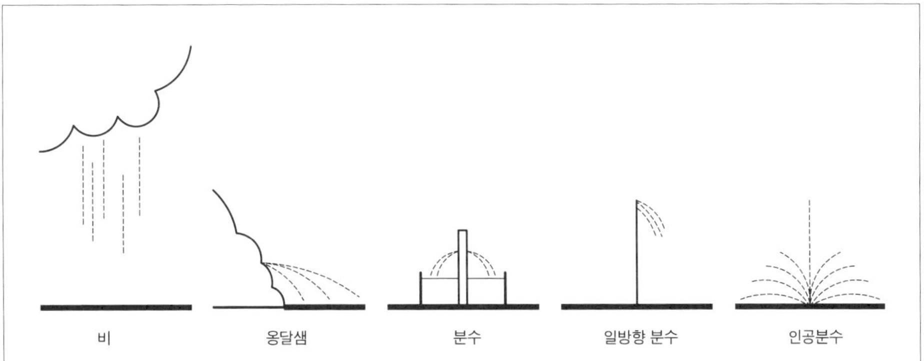

그림 1:
분출형 물의 다양한 형태

그림 2:
두 바위 사이에서 자연스럽게 분출되고 있는 물

그림 3:
바닥에서 분출되고 시간 간격을 두고 용솟음 치는 분수

_ 분출되는 디자인(작은 돌 틈 또는 아름다운 단조 분수 파이프로 된), 그리고 샘물의 원천과 같은 환경 (식재와 함께 있는 수원 또는 예술적으로 디자인된 수조)

_ 계획된 시간간격(지속적 흐름 또는 시간과 리듬감을 강조한 모습)

\\ 사례:

분출형(제트)분수를 활용한 미니멀리스트 디자인의 예는 지상의 물받이가 없고 작동되지 않을 때는 아무런 실체가 없는 지면 높이의 분수이다. Stauffenegger + Stutz는 이 원리를 활용하여 베를린에 있는 분데스하우스의 전면에 이전에 비어 있던 광장을 조각이 있는 수공간으로 조성하였다. 각각의 분수는 스위스의 지역들, 유연한 조각물, 위로 흐르는 듯한 운동감의 표현, 그리고 연속적으로 춤추는 분수 등은 인상적인 이미지를 만들어 내고 있다. (그림3 참고)

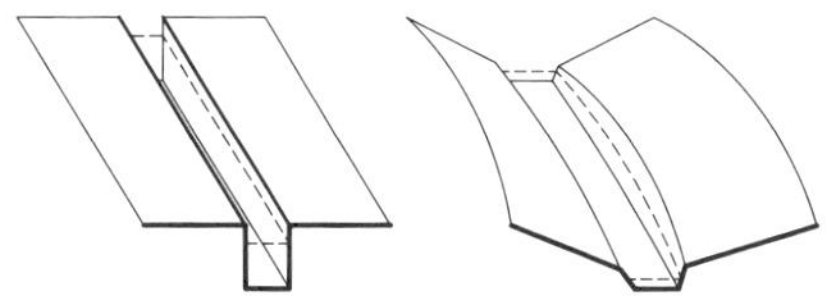

그림 4:
직선통로와 곡면 수로에 따른 물 흐름

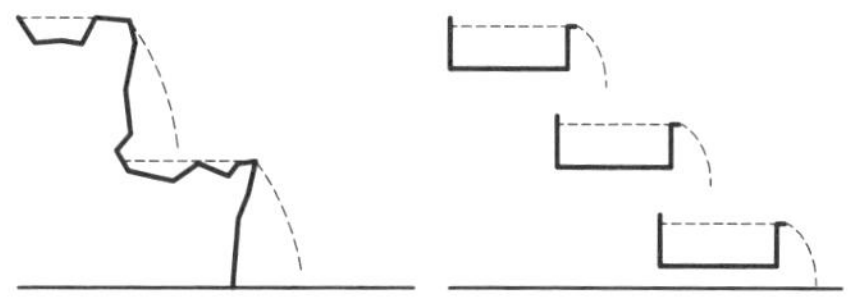

그림 5:
계단식 물 흐름의 예

분출수는 순간의 이미지가 자연적 또는 어린이 같은 순수함을 가지고 있지만 동시에 남성적인 쾌활함과 유연한 움직임, 생동감 있는 음악, 신선한 감촉 등과 감성적인 시적으로 결합되도록 해 준다.

분출수가 가지고 있는 요소들은 공간에 구심점(예를 들어 시장의 분수대나 주택의 입구 주변을 따라 흐르는 물 등)을 강조해 주고 보통 독특한 공간을 만들어 주는 특성을 만들어 주기도 한다.

1.2 유수(흐르는 물 : Flowing Water)

유수는 물줄기가 길을 따라 움직이거나 또는 연속된 벽천 하부의 물이 이동하는 것이다. 이러한 것들은 멋진 유리선이 들어간 수조와 실개천의 소용돌이 또는 돌계단을 따라 흐르는 물 등이 조경적 영감을 불러일으킨다. 〉 그림 4, 5 참고

디자인을 가능하게 하는 것 들

- 이동하는 물의 양, 물길의 폭이나 높이의 의미, 물이 흐르는 속도와의 관계
- 흐름의 방향과 어떻게 방해를 받는지 (애를 들어, 직선의 통로에 연결되어 붙어 있는 수조와 댐) :
- 물을 담고 방향을 정해주는 둑의 축조 〉 그림 6 참고

그림 6:
잔자갈과 함께수풀 사이를 "자연스럽게" 흐르는 물

그림 7:
바닥돌 사이로 흐르는 좁은 물흐름

잔디로 덮인 좁은 둑은 시각적으로 좀 더 섬세하게 보이고 눈이 물의 움직임에 더 초점을 맞추도록 하게 해준다. 넓은 벽이나 거친 자갈로 된 경계(바위가 듬성듬성 채워져 있거나 돌망태 같은 것, 즉 철망으로 된 상자 속에 돌을 채운 것과 같은 것)는 시각적으로 더욱 인상적이게 하며, 물의 힘을 강조해 주고 디자인에 활용된 돌의 크기에 따라 성장한 소박한 모습을 만들어 낸다.

개천이나 벽천을 타고 흐르는 물은 완성된 활력의 이미지를 전달해 준다. 움직임, 그의 장애물과 흐름의 변화속도는 항상 놀라움의 대상이며 이러한 이유로 눈에 아주 매력적으로 보인다. 달리고, 콸콸 소리 내고, 물을 튀기고 하는 것은 유쾌하고 밝은, 그러나 점잖게 내는 소리를 만들어 준다.

그러나 흐르는 물의 가장 중요한 점은 선적인 요소(운하 같은)를 개발하도록 한 것이다. 즉 공간에서 두 점을 연결하고(운하나 개천의 경우에) 〉 그림 7, 8 참고 지형을 강조한다. (폭포와 벽천 등)

1.3 정지되어 있는 물

정지되어 있는 물은 움푹 패인 곳이나, 배수가 안 되는 곳, 평평한 수조 등이 있다. 이것들은 개방경관의 개념으로 개발된 것으로, 얕은 연못, 수조, 호수 또는 물받이, 세면기, 싱크 등 보다 기하학적이고 건축적인 것들을 말한다. 〉 그림 9 참고

그림 8:
계단식의 물길이 연속되게 만들어진 운하

정지된 물은 다음과 같은 다양한 디자인의 가능성을 가지고 있다.

- 벽면을 개발하는 방법 (바닥레벨의 변화 및 계단설치)
- 식재 등과의 연계 (완전히 노출된 경계지역에 등나무나 물 백합의 무성한 식재)
- 조명과 반사의 특성 활용

정지된 물은 하늘을 비추고, 조명과 빛을 붙잡아 놓는다. 또한 빛을 흡수하여 깊이를 느끼게 해준다. 〉 디자인 방법들, 감각적 체험, 참고

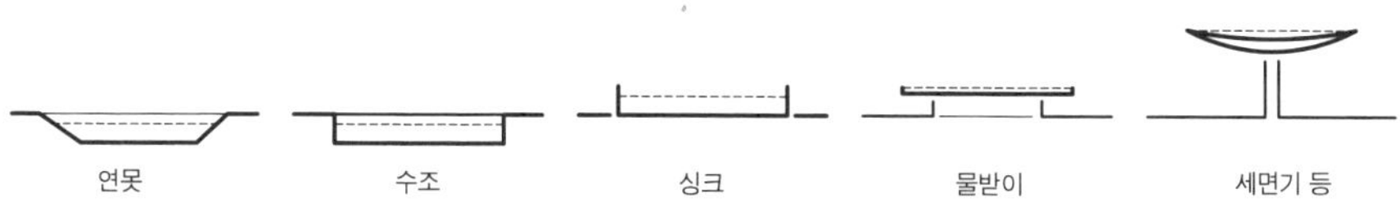

그림 9:
정지된 물의 가능한 저장형태와 단면

정지된 물은 내적 안식과 강력한 고요를 나타내고 있다. 그리고 침묵과 정신적 명상의 경관과 어떤 움직임을 잡아내는 능력도 가지고 있다.

바람과 같은 외부 영향으로 나타나는 수면의 움직임은 그 물이 주변 경관과, 건축적인 모습에 영향을 줄 때, 예민한 맥박소리와 심장박동의 리듬 같은 물결을 만들어 낸다.

정지된 물은 또한 건축적으로 하나의 구획된 실(예를 들어, 건물 1층의 중앙에 있는 반사수조)의 중심성을 표현하기도 한다. 또 명확한 경계(성 주변의 깊은 못), 혹은 명확한 방향성의 제시(공원 등에서 방문객의 발길에 따라 방향과 전환점 역할을 하는 호수 등)이 될 수도 있다.

다음 〉 디자인 방법들, 기능 편 참고에서의 정지된 물에 대한 개념은 보통 위에서 언급된 것 보다 더 큰 공간에서의 요구조건을 말하는 것이다.

1.4 사라지는 물

사라지는 물이란 물 순환의 최종 단면이다. 물은 배수를 통해 사라질 수 있다. 예를 들면, 바람과 햇빛이 물 표면에 침투하여 증발시키거나, 다공질의 대지로 가라앉거나, 안개형태로 증발되기도 한다.

디자인에 대한 조건은 다음의 내용을 포함한다.

- 상이한 흐름의 가능성들 (소리를 확장시키는 격자장식물이나 물홈통 등)
  〉 기술적 변수들, 물의 유입과 유출 편 참고
- 시간 속도 간 상호작용 (아스팔트 위의 연못이나 모래 여과를 통해 물이 서서히 떨어지는 것 등)
- 우발적이고 순식간에 일어남 (안개분수나 증발 등) 〉 기술적 변수들, 물의 이동편 참고

\\ 사례:
독일의 Basedow 경관공원에서 레니(Peter Joseph Lenne)는 둑을 따라 넓게 포장된 가는 길을 따라 시각축의 중심에 있는 작은 물에 대해 작업해왔다. 녹색지역과 수목들이 전체적인 경관을 감추고 있고, 이러한 수공간의 확장은 형태와 깊이를 늘 변화시켜 더 커지고 놀라운 경관을 보여준다. (그림 10 참조)

그림 10:
여러 개의 수로가 연결된 길이가 긴 경관공원

그림 11:
울타리와 숲으로 둘러싸인 기하학적 형태의 풀

증발되는 물이 포함된 개념은 독특한 매력을 줄 수 있다. 안개가 떠돌고, 순간적으로 복잡한 미로를 만들기도 하고, 일시적으로 전시공간으로 감싸지거나 불투명한 흰 막을 형성하기도 하며 연못이나 호수 위에 떠서 흐르는 구름을 만들기도 한다. 이러한 방식으로 만들어진 작품들은 친숙한 형상으로 다시 연계성을 갖게 되고 새로운 차원의 수준을 갖게 됨으로 해서 독특하고 매력적인 것으로 창조될 수 있게 된다.

증발되는 물과 연계된 여러 작용들은 공통성은 별로 없다. 일반적으로 대단히 잘 흐트러지고, 형태와 범위가 아주 커지기도 하며 그 행태 또한 예측하기가 어렵다. 왜 공공공간에서는 절대로 나타나지 않는 것인지, 무언가 사라져 버리는 것처럼 아주 우울한 순간을 보여주는지 등과 같은 모습이 종종 실험실과 같게 생각

\\ 사례:
프랑스의 Vaux-le-VIcomte에 있는 Le Notre 라는 곳은 울타리로 깨끗하게 둘러싸인 중간에 자유롭게 서 있는 수조가 있다. 수목에 의해 빛과 그늘이 놀고 있고, 수면의 아른아른한 빛이 변화를 일으키고, 그래서 심오한 장소성과 주변 자연 사이에 대조를 만들어 주면서 고정된 형상이 거의 없도록 하는 데에 초점을 두고 조성되었다.

그림 12:
의도적으로 중심을 없도록 한 리플렉팅 풀

되어지며, 이는 발견하고 디자인 되는 과정에서 독특한 매력을 갖게 된다.

1.5 추가된 모습들

수공간 요소는 이러한 4가지 조건 만으로 제한되는 것이 아니라 결합된 형태로 개발될 수도 있고 (예를 들어, 굴착되어 조성된 샘으로 시냇물이 흘러들어가는) 또는 특별한 모습을 가지고 만들어 질 수도 있다.

수공간 부재현상 효과
Absent water

수공간의 부재(不在)는 하나의 사례로서, 물의 존재와 직접적으로 관련을 맺고 있는 구조와 재료의 사용과 같은 예로써, 하나의 분명한 "부재" 상황으로 나타나게 된다(예를 들면, 돌을 이용해 만든 것이나 말라붙은 강바닥 등). 〉 그림 13 참고

\\ 사례:
스위스 빈터투르에 있는 스타인버그 가세에서는 예술가인 토마스 호프와 도널드 쥬드가 일련의 심플한 순환분수대에 대한 작업을 해오고 있다. 그들은 감소되면서 정확하게 변하는 방식을 통해 물이 흐르고 사라지게 하고, 이를 통해 중심부가 없는 리플렉팅 풀을 만들어 내어 놀라움을 자아내었다.

그림 13:
말라버린 수로 바닥에서 물의 "부재"를 확인

그림 14:
써레를 사용하여 잔자갈로 물을 상징하는 형상을 표현

이것은 또 자연적인 요소들을 상징적으로 조성해 놓은 것이기도 하며, (예, 자갈들을 다듬고 갈퀴 등으로 정리해 놓은 것) › 그림 14 참고 (또는 소용돌이치는 잔디형상의 들판) 혹은 추상적인 의미의 표현 (희미하게 빛나는 태양열 패널 또는 검은 아스팔트 표면 등)도 있다.

물의 부재는 깨끗하고 매력적인 이미지를 자아내고, 그것은 종종 특성상 묵상하는 듯하고, 평화롭고, 명상적이 되기도 한다.

디자인 요소로서 물의 부재 상황을 활용하는 것은 활용되지 않는 시간동안 설치하는 것을 말한다. (날씨 때문에, 혹은 작동시간이 제한되는 경우 등에) 혹은

\\ 사례:

일본의 정원 디자인에서는 석조정원의 아름다운 사례가 있는 데, 돌을 조화있게 설치해 놓았다. ("돌과 언덕"), 나무밑둥과 울타리 조각("숲과 은자 隱者"), 그리고 물결 모양의 지역, 잔자갈의 써레질한 형태("수면과 파도") 등은 절제된 디자인으로서 섬과 내해 그리고 파도 형상으로 물이 없고 자연을 연상시키는 물결형태 등은 종종 매우 작은 공간으로 이상향이 되고 표현된다.

그림 15:
과거 공장지역에 있던 리플렉팅 풀을 일시적으로 아이스 링크장으로 활용한 예

보안상의 문제나 유지관리 상의 제한 때문에 사용될 수 없다면 물의 대체 대상으로 활용되기도 한다.

겨울 경관
Winter aspect

물의 매력적인 효과는 동절기에 땅이 그대로 방치되어 있을 경우라도 디자인에 연계될 수 있다. 하얀색에 부드럽고, 빛이 나는 얼음은 덤불과 나무들로 덮일 수 있고, 눈도 부분적으로는 감추어지는 요소가 될 수 있는데 그래서 그 자체가 줄어들거나 추상화 되는 용어로 표현되기도 한다. 폭포나 벽천, 얼음 등은 별난 형태와 이미지로 발전될 수도 있다. 리플렉팅 풀이나 연못에서 찾아볼 수 있는 것

\\ 사례:
12m 폭의 밴드형태의 리플렉팅 풀은 독일 에센에 있는 제케졸훼인 공원에 과거 공장의 튼튼한 구조물 안에 만들어졌다. 몇 달 동안의 겨울에 근처에 있던 냉각장치를 활용하여 대중을 위한 아이스링크가 되었다. (그림15 참조)

과 같은 부드러운 얼음판은 스케이팅이나 아이스하키 같은 겨울 스포츠 시설로 활용될 수 있다.

이러한 것들이 활용에 있어서는 단지 보조적인 면과 가능성을 가지고 있다고 하더라도 긴 겨울을 포함할 경우에는, 여전히 지역기후와 관련해서 심사숙고해야 할 것이다. 얼음이 된 물의 강력한 이미지는 또한 기술적으로 만들어진 경관으로서 고려되어야 할 것이다.

그림 16:
테이블 상부 분수

2. 디자인 접근 방식

역동성
Dynamics

물을 이용한 디자인은 여러 요인들의 다양성에 의해 영향 받게 되는 매우 개별적인 과정이라고 할 수 있다. 이러한 것들은 물이라는 요소, 실제의 부지, 공간에서 하나의 건축적인 요소로 작용하는 역할과 그 요소들이 공간을 채워주도록 요구하는 기능 등을 포함하며, 물로서 표현할 수 있는 상징물과 같은 다양한 감각적 측면들을 가지고 있다.

2.1 수공간의 디자인

물을 활용한 디자인을 창조하는 것은 그 독특한 역동성을 다루는 것이라고 할 수 있으며, 디자인된 요소와 보는 사람 간의 관계(혹은 시각적 상관성), 시간에 기반을 둔 경험 그리고 경계(수조의 둑이나 경계와 같은)를 포함하고 있는 형식적인 처리방안 등도 사용된다.

역동성의 내재 – 움직임의 방식과 방향 –은 디자인의 외양을 결정한다. 물이 가진 특별한 형식과 특별한 영역에 따라, 디자이너는 정지되고, 흐르고, 떨어지고, 솟아오르는 등에 대해 고려하고 적절한 생동감, 물의 양, 공간의 배분, 흐름의 속도 등을 결정하게 된다.

표현의 수준
Level of reference

표현의 수준 – 눈높이와 관련된 요소의 영역 –에서는 얼마나 경험될 수 있고, 그래서 선택된 접근방식의 전체적인 영향수준을 정할 수 있는지를 결정하게

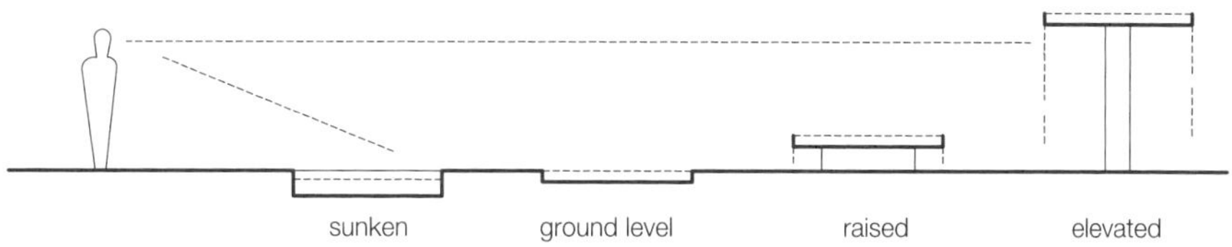

그림 17:
물에 대한 상이한 체험과 관련된 눈 높이

된다. 낮은 각도로 내려 보는 것은 훌륭한 전경이 된다. 무릎 높이로 약간 올라간 각도는 한층 실제적 체험을 하게 해준다. 아주 높은 위치는 거리상 강한 효과를 준다. 〉그림 17 참고

좋은 경관을 제공하는 수공간 중 낮은 위치에 놓인 것들은, 굽어진 둑에 실제 수면의 많은 부분이 감추어져 있는 상황에서 조경디자인 대상으로 사용되고 있다. 또한 시각적으로 오르내리는 수위에 의해 작용하는 개념들로 사용될 수 있다.(저수지처럼). 선큰 된 물은 더 적아진 물의 양에 비해 비례상 훨씬 크게 보여지고, 물을 체험할 수 있는 길을 제한하기도 하면서는 주변 환경을 설명해 주기도 한다. 지면 높이로 물이 솟아오르는 것은 이러한 문제들을 피하고 새로운 모습으로 창조되기 위해 섬세한 변화를 주기도 한다. 약간 또는 전혀 수위의 요동 없이 정확하게 디자인되고 구축되는 환경조성이 요구된다고 하겠다.

수조, 세면기와 같이 물이 상승하는 요소들은 0.4- 1.2m 높이가 이용에 편리하다. 〉그림 16 참고 아니면 눈높이 위(약 1.6m)도 괜찮다. 평평한 전경과 앞쪽이 짧은 곡면이 되기 때문에, 위를 향한 물의 경우 하부에 있는 물 보다 더 작게 보이게 된다. 상승하는 요소는 높이에 따라 지지구조의 하부면 등 여러 면을 보여주며, 형태, 재료 장식적 면들 또는 물 흐름의 모양과 양에 대한 디자인상 고려가 첨가될 필요가 있다.

한줄기로 솟아 오르는 분수와 같은 상승형 물을 사용하는 것은 시각적 체험을 더욱 많이 제공해 주면서 거리상의 효과를 첨가해서 특별한 모습들을 강조해 주기도 한다.

그림 18:
일시적으로 '비' 를 저장하기 위한 설치

그림 19:
문자형태의 각을 가진 건축모양의 임시 저수지

시간의 체험
The experience of time

표현 수준은 시간적 연속성 속에서 고안될 수 있다. 정지된 물인 호수가 그 예이다. 움직이는 물은 또 다른 지각수준이나 일시적인 경관으로 개발되어 나타나게 되는 기회가 제공된다. 공간의 배분, 세기, 물의 활동시간 › 그림 18 참고 등은 대체되거나 아주 순간적인 이미지로 개발할 수 있다. › 기술적 변수들, 물의 이동 편 참고

수조
Basin

자연과 인공수조 사이의 선택에는 디자인의 핵심과 관계를 가지고 있다. 물과 함께, 이것은 리플렉팅 풀이나 하나의 제트분수처럼 빛, 움직임, 또는 깊이 등을 포함시킬 수 있다. 그러나 또한 물과 건축 간의 대조와 상호대화 등과 연계된 컨텍스트로서 개발할 수도 있다.

안개분수를 제외하고, 물이란 물의 저장요소와 함께만 개발될 수 있다. (물탱크, 집수정, 보이지 않는 좁은 물길 등처럼), 그리고 그 모양은 어떤 대상물의 전체적인 특성화에 커다란 역할을 하게 된다. › 기술적 변수들, 디자인과 변수 편 참고 › 그림 19, 그림 20 참고 에서 장식적인 분수대와 화려한 장식을 한 물의 모양에서 그 요소와 구조의 예를 볼 수 있다.

그림 20:
조각장식된 분수

그림 21:
새로운 공원 중앙의 농업용 정수시설

2.2 대지의 독특한 모습들

수변공간 디자인은 자체로서만 창조될 수는 없다. 하나의 복합화된 공간적이고 주제를 지닌 상관성을 가진 가운데서 나온 건축적 복합화된 실체 중 하나라고 할 수 있다.

이 대지는 디자인 요소의 영향을 결정해 주는 하나의 활력소 역할을 해준다. 같은 분수도 대지마다 매우 다른 모습으로 나타나게 된다. 자갈포장 광장 중앙에 위치하는 경우와 벽으로 둘러싸인 중정, 덤불이 높이자란 정원, 또는 개방된 조경지역에 따라 다르다. 대지와 각 개별 공간의 질, 대지들 내에서의 상관성, 역사의 축적정도, 그리고 공간상 형태적 컨텍스트 등은 개념에 충실하고 한 요소의 디자인상 질을 판단하는 핵심이 된다.

독특한 모습들
Unique features

예상되는 제약조건들은 많은 디자인 잠재력을 가지고 있다. 재정자원이 충분할 경우 기술적, 창조성의 면에서 가능성을 갖게 된다. 독단적이고 상호 변화할 수 있는 디자인에서 자유로움이 나올 수 있다. 예산 문제와 함께 디자인에 관련된 감각을 만들어서 독특한 아이디어를 찾는다는 것은 중요한 일이다. 즉, 여기에서는 대지와 그 잠재력을 가지고 조직적으로 구성하고, 개별적 이미지와 지속가능한 기술적 해결방안을 개발하기 위해 이러한 체험을 활용하는 것을 말한다.

대지 내의 상관성
Overriiding context

도시의 구조란 표현에 관한 중요한 관점을 제공해 줄 수 있다. 중요한 경로와 주변 건축 환경의 활용은 하나의 요소인 대지에 대한 사전결정을 내릴 수 있게

그림 22:
간헐온천수가 분출되는 거대한 물 분화구

그림 23:
묵상과 명상적인 대지의 특성이 강조된 리플렉팅 연못

해준다. 우수관리나 기초디자인 계획과 같은 선결 사전조건들은 개념단계와 같은 초기단계에 이미 형태상 결과물 작성에 영향을 미친다.

역사의 켜들
Historical layers

이전에 사용한 것과 관련된 구조와 지형에 대한 특별한 기억의 시각적인 표현은 추가적인 참고사항이 될 수 있다. 그것들은 대단히 독특한 형태상 특성과 "역사의 추적"이라는 부가적이고 서술적인 면들을 제공해 준다. 분수와 운하가 낡고 오래된 것은 재사용되고, 너무 커진 물결이 정돈되게 할 수 있다. 또는 전의 산업화의 역사처럼 역사적 유물들은 새로운 맥락으로 통합될 수 있다. › 그림 21 참고

공간적 형태개념
Spatial formal concepts

대지의 공간적 상황, 그 역사적 구조와 기존 식생 등은 디테일 측면에서 전체적인 디자인을 위한 평가지표라고 할 수 있다.

\\ 사례:

Latz가 디자인한 뒤스 부르크의 북 조경공원에는 유기된 철제작품들을 세척제로 깨끗하게 하고 물과 등나무 조각으로 채워놓았다. 오늘날 이것은 지역의 독특한 촛점경관이 되었다. (그림 21)새롭게 만들어진 인공지하수중 세계와 함께 유럽에서 가장 오래된 인공다이빙센터가 가스탱크 인근에 자리하고 있다.

\\ 사례:

베를린 프리드리첸의 유기된 산업지역의 중정에는 Gustav Lange가 석회석 덩어리로 자리하고 있고, 멋진 수로를 장식하고 있다. 이 커다란 단일 블록은 형태와 비례에서 명확하고, 독립적이며, 주변 벽돌건물 배경과 대조되는 강력한 존재감을 나타내고 있다. 정지된 물과 이끼류 등은 주위 환경에 대조되는 시적 깊이를 부여하고 있다. (그림 24)

그림 24:
건축적 컨텍스트를 가지고 수로에 자리한 석회석 조형물

예를 들어, Bad Oeynhausen에서는 공간에 수공간 요소를 강력한 요소로 도입하여 과거에 그저 빈 공간이었던 곳에 하나의 장소적 정체성을 부여해 준다. 〉그림 23 참고 그 존재감과 아름다움은 공간적인 상호대화를 가능케 하는 언어를 반향시키고, 강조시켜 준다. 〉그림 24 참고

형태상의 교류가 조경적인, 자연의 영감을 주는 이야기가 되거나, 아니면 주변과의 컨텍스트를 통해 영향을 받은 구조적이고 건축적인 것이 되거나 할 것이다. 거대하고 널리 펼쳐진 대지는 경관적인 면을 지닌 것으로 반응할 수 있게 될 것이다. 중정이나 기타 인접한 공간적 현황과 같은 명확한 공간들은 건축적 형태 언어와 상상력을 활용해서 훨씬 쉽게 관리될 수 있다.

\\ 참고:
일상적인 정보나 첨부된 디자인 아이디어는 Bert Blelefeld와 Sebastion El khauli, Birkhauser Verlog, 바젤 2007에 의한 Basics Design Ideas, 또는 Hans Loidl, Stefan Bernhard, Birkauer Verlag, 바젤 2003에서의 Open Spaces 등이 설립되다.

그림 25:
선큰풀 전면에 설치된 음수용 분수대의 현대적 기둥조형

그림 26:
물받이 받침이 첨부된 우수 파이프

2.3 기능

상수 공급
Drinking water

기능적 요구조건과 공간상 목표는 명확한 결합과 배열을 활용하여 디자인이 첨가된 수공간에서 성취될 수 있다. 물의 공급과 배출의 여러 측면에 덧붙여서 레크리에이션과 스포츠적 요소들을 고려할 수 있을 것이다.

분수는 원래 상수를 공급하는 기능이었다. 각 가구까지 제공되는 획기적 공공상수시스템의 개발은 지역, 도시에 상수를 공급하는 공공분수의 본래 기능을 바꿔버렸다. 오늘날, 종종 산업용수로 채워진 곳은 장식적 목적으로만 쓰이기도 한다. 상수용 분수는 따뜻한 기후에서 더욱 많이 볼 수 있는데, 상수공급시스템과 연결되어 있고 도심, 레크리에이션센터 주변, 스포츠시설 등에 많이 설치된다.

〉그림 25 참고

우수 처리
Rainwater management

지붕, 가로처럼 밀실한 표면을 가진 곳에 낙하하는 물은 가능한 한 오랫동안 건물을 보호하기 위해서 모아서 적절히 배출시키는 것이 필요하다. 우수를 직접 하수처리장으로 보내는 것 보다는 증발이나 여과를 통해 우수를 자연수로 되돌려 보내는 순환시스템은 경제적으로, 생태 환경적으로 훨씬 유용한 일이다. 우수배출 파이프는 집수 〉그림 26 참고 관로, 잔디물받이 〉그림 27 참고, 연못 또는 지하집수정과 같은 것은 이 목적에 아주 유용한 방법이다. 건물 외부에 이러한 기술적 구조물들을 집중 설치하도록 설계를 고려하는 것은 커다란 자유로움을 주게 된다. 이러한 지속가능한 물 관리 측면들은 세심하고 폭 넓은 물 관리 시스템의 실현을 가능하게 할 수 있어 신개발에서는 특히 중요하다고 할 수 있다.

그림 27:
철판을 사선으로 삽입한 잔디물받이로 우수를 저장

그림 28:
조밀하게 식재된 지역에 집수해서 따뜻하게 해주는 수조

관개
Irrigation

모아진 낙수와 샘물은 정원과 식재의 관개에 사용된다. 연구결과는 며칠간 햇빛에 노출된 물이 따뜻해지면 식물성장에 더욱 효과적이라는 것을 보여준다. 〉 그림 28 참고 수조와 물받이, 물홈통 등은 물을 모아서, 데우고, 운용하는 데 필요하고 이 시너지효과를 갖게 하여 전체적인 디자인이 잘 될 수 있게 통합하여 종종 물을 잘 사용할 수 있게 해준다.

레크리에이션과 스포츠
Recreation and sport

수공간은 특히 공공 공원에서는 레크리에이션이나 스포츠에서 매우 중요하다. 양호한 환경, 기존 요소들이 주어지면 외부공간 시설로 개발되고 통합될 수 있게 된다. 여기에서 한 가지 예로 뮌헨의 잉글리시 가든을 들 수 있다. 계획단계에서 폰 쉬켈은 기존의 Eisbach에 파도를 첨가하고 조경경관요소를 통해 그의 디자인 컨셉을 만들었다. 오늘날, 그 형태상의 특징을 인식함과 함께 인기 있는 목욕과 서핑명소가 되었다. 〉 그림 29 참고

자연친화적인 구조를 가진 잘 조성된 목욕공간과 수공간 조건은 쉽게 녹색지대로 통합될 수 있다. 그러나 그것은 단지 낮거나 평균적인 작동에 대한 요구에 적합할 뿐이다. 〉 그림 30 참고 쓰임이 더 높아질수록 전기적인 물 조절시스템을 가진 강화된 물탱크를 필요로 한다. 〉 그림 31 참고

그림 29:
뮌헨 Eisbach의 인공 파도 위에서의 서핑

그림 30:
인공 물탱크가 있는 연못에 설치된 수영장

그림 31:
다양한 깊이로 조성된수영풀

그림 32:
물펌프, 흙장난, 진흙놀이 등을 할 수 있는 놀이터

수변레크리에이션 공간은 다양한 형태의 물로 만들어진다. 〉그림 73 참고 그것은 펌프로 퍼 올린 물로 조성된다. 아르키메데스식 스크류와 수차, 물길과 물탱크 또는 풍차로 드라마틱하게 물을 분배하고 보내며 물, 진흙, 모래 등을 결합한 디자인을 창출해낸다. 〉그림 32 참고

둘러쌈과 방문객의 방향타
Enclosures and visitor orientation

물은 방어막이 되기도 한다. 성 주위를 둘러싼 넓고 깊은 물웅덩이는 벽과 담장을 대신해준다. 그것들은 장애물 기능을 하지만 서로 다른 지역 간 시각적 관계성을 방해하지는 않는다. 물 위에 있는 교량과 부두는 통과도로와 연결해주고, 물 장애물과 함께 잘 계획된 방향타 역할을 해준다. 〉그림 33 참고 역사공원이나 현대

놀이공원의 길 찾기 시스템에서 중심이나 시각초점이 되는 것은 호수나 피오르드처럼 가로지를 수 없는 거대한 물에 의해 특별해진다. 방문객은 중요지점, 매력장소로 미리 정해진 루트를 따라 인도된다.

반대로 올라가고, 움직이는 분수공간과 수벽은 시선차단의 역할을 한다. 그것은 원치 않는 기능과 요소를 감추고 방어적 광경을 만들어준다. 그들이 만드는 소리는 인접 가로의 소음을 벗어난 쾌적한 지역을 창출해낸다. 〉그림 34 참고

2.4 상징주의

물은 상징적 가치가 풍부하고 강력한 종교적 뿌리를 가지고 있다. 이 현상은 여러 국가들에서 발전되어 왔고, 잘 인식되지 않고 있지만 오늘날 여전히 사실로 나타나고 있다.

상징성
Symbol

맥락적 측면에서, 물의 형태와 움직임은 청명함, 신선함, 활력 또는 부를 나타낸다. 그것은 삶과 시간의 문화가 교차함을 상징한다고 할 수 있다. 물은 문학적으로 생존의 확인일 뿐 아니라 인간의 지적, 정신적 능력을 상징하기도 한다. 달과 물 그리고 여성성은 상징적 측면에서 상당히 밀접한 관계를 맺고 있다.

종교상의 물
Water in religion

세 개의 모든 일신교의 세계적 종교는 건조한 기후지역에서 설립되었다. 그래서 자연스럽게 자연의 종교적 중요성이 아주 초기부터 물의 요소와 밀접한 관계를 맺어왔다. 종종 물의 순수성이 칭송되는데, 이슬람에서는 규칙적인 세정식의 형태로 또는 사원에 입장하기 전 씻는 것으로, 힌두교에서는 갠지스 강의 목욕에 신념을 두고 있다. 거의 모든 유대인 공동체는 하나의 미크바 Mikvah, 또는 깨끗하

그림 35:
움직이는 분수와 운하가 있는 동양의 정원

그림 36:
교회회랑 주변의 간결한 분수

고 흐르는 물에 정기적인 목욕을 한다. 그러나 스스로가 충분히 침잠한 사람들만 정기적 세정을 받을 수 있다.

오랫동안, 기독교인들의 신념은 물을 떨어뜨리거나 붓는 것을 통해 완전히 가라앉게 하여 침례의식을 숙련했다. 서구 사회에서는 이러한 숙련이 사람을 침례시키는 데 있어 이마에 물을 떨어뜨리는 것으로 대체하였다. 침례는 그리스도에게 헌신하고 교회 속으로 받아들여짐을 상징하였다. 또한 죽음과 부활을 상징하였다. 가톨릭과 정교에서는 신성한 봉헌의식에서 물이 중요한 역할을 하였다.

2.5 감각적 체험

많은 요소들이 - 순수한 기능적 수준을 넘어서서 - 디자인으로 특별한 반응을 해주어야 하는 독특한 개성을 가지고 있다. 예를 들어 식생은 하나의 4차원 요소로서 시간의 요소를 보여줄 수 있다. 계절과의 조화를 통해 식물이 색채와 모양이 자라고 변화하는 것은 조경 디자인의 외관과 분위기를 매년 전환시켜 주게 된다. 물의 독특한 성질은 감각으로 체험될 수 있는 다양한 방식이 존재하고 있다.

물을 이용한 디자인은 감각적인 체험이 개념에 부합되어 다시 연계성을 갖게 된다면 더욱 인상적으로 될 것이다. 감각의 어떤 것이 물에 의해 가장 또는 가장 강력하게 자극을 줄 수 있는지 말하기는 어렵다. 그러나 궁극적으로 조화와 균형을 이룬 상호작용은 성공적인 구성의 필수조건이다.

순수한 물은 깨끗하고 투명하다. 빛을 흡수하는 능력도 있다. 낙수, 리플렉팅풀, 파도 등은 모두 굴절되고 부서지면서 반짝이는 거품을 가진 무한한 다양성을 보여준다. 물은 침전, 용해, 유화되면서 색깔을 낼 수도 있다.

공기방울이 생기면 투명성이 낮아지고 더 희게 되거나 불투명해진다. 물이 안정되고 효과가 사라지자마자 공기는 흩어진다. 이것은 파도의 하얀 꼭대기나 부드럽고 흰 물의 조각품들이 포말발사기나 "거품발생기"에 의해 만들어지는 것과 같다. 〉 기술적 변수들, 물의 이동 편 참고

흙과 돌을 통과하면서 흐름에 덧붙여 생기는 물질과 침전물들 또한 물에 색을 입힌다. 갈색은 종종 부식질 산성의 용탈(溶脫)로 인한 황무지의 하구 주변에서 통상 보여진다. 용해에 의해 나타난 색은 지속성이 있고 더 오랜 시간동안 안정성을 유지한다. 그러나 옅은 색이어서 조절이 어렵다.

자연 상태의 급류는 강벽의 모래와 돌을 부수며 전진한다. 이것들이 침전되어 색을 가지게 된 물은 투명도가 낮아서 산맥이 흐르는 신선한 녹색의 모습을 볼 수 있게 된다. 흐름이 가라앉으면 침전물도 내려가 그 색채를 나타낸다.

\\ 사례:

물은 삶과 죽음 그리고 재활을 나타내준다. 제법 용적을 가진 분수와 잔잔한 디자인은 기독교 묘역이나 수도원 주변에 있다. 예를 들면, 가는 제트분수와 석조분수, 또는 작은 미로형 물길 등이 있다.(그림 36). 동양의 정원에서 물은 천국의 4개 강을 나타낸다. (그림 35).

그림 37:
핸드레일과 다양한 지표마감으로 된 "Kneipp" 수조

그러나 물 "색깔"의 실체는 보통 주변 환경이 표면에 반사되거나, 물표면 하부의 재료에 의해 나타난다. 우리가 색을 지각하는 방법은 보는 각도와, 대기와 수면 사이의 굴절, 그리고 밝기의 차이 등등이 있다. 물이 깊을수록 "더 깊은" 색채가 나타나고 – 강벽과 바닥에서 형성된 자연 축적에 의해 나타나는 효과라고 할 수 있다. 연못의 어둡고 거의 분간이 어려운 바닥은 수면에서 반사효과를 줄 수 있다. 수영장과 같은 밝은 색의 바닥은 물을 더 맑고, 밝고, 투명하게 해주며, 그로 인해 물 바닥 장식이 쉽게 보여진다. 〉그림 38 참고

\\ 사례:
"Kneipp" 수조는 냉수에서 무릎깊이의 목욕을 하기 위한 것이다. 냉온수 사이를 위아래로 움직이거나 하는 것은 침식작용을 활발하게 해주는 효과가 있다. 이는 자갈과 같은 것으로 바닥을 처리하는 방안이 유용하다.

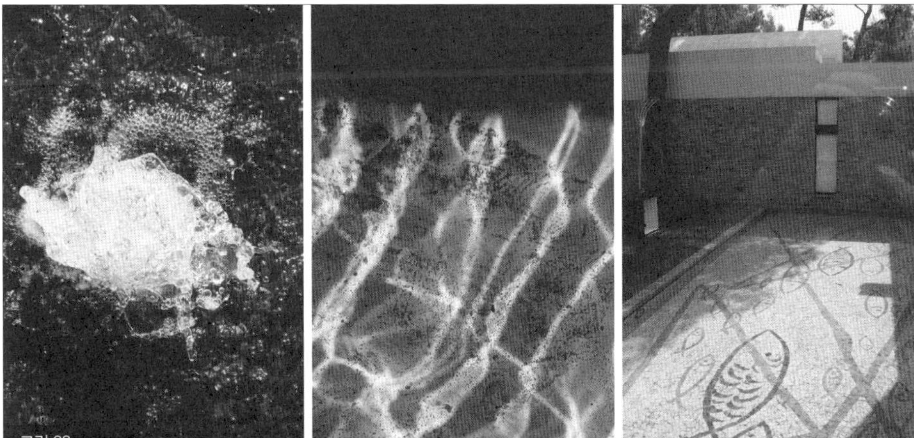

그림 38:
물방울, 빛의 시각적 굴절, 수면하부 장식 등을 통해 나타나는 물의 색채 모양 사례

미각
The sense of taste

순수한 물은 자체의 향이 없다. 주변 토양이나 돌에 의해 용탈과 용해된 것은 물의 냄새에 영향을 준다. 음용수 로 된 분수와 같은 샘물은 마개를 두고 사용되기도 한다.

후각
The sense of smell

"물의 향"은 수용성 물질, 습기를 가진 재료의 향을 통해 맛과 같은 방식으로 만들어진다. 향을 지각하기 위해 아로마 향의 물은 수증기나 스프레이처럼 대기 중으로 퍼져나간다. 상쾌하고 은은한 광물질의 향은 불규칙하게 떨어지는 폭포 주변에서 발산되고 이러한 작용에 의해 민감하게 만들어진다.

촉각
The sense of touch

물은 그곳에 들어가서 직접 접촉해서 만져볼 수도 있고 흐름과 움직임을 통해 노출된 모습으로 간접적으로 느낄 수도 있다. 온도와 대기 중 습기는 서로 영향을 주는 관계를 형성하고 있다. 예를 들어, 분무된 물은 건조하고 더운 환경에서 상쾌하고 신선함을 준다. 그러나 차고 습기 찬 환경에서는 불쾌하고, 차갑고, 으슬으슬한 기분을 갖게 한다.

청각
The sense of hearing

높낮이와 리듬감, 톤의 변화를 가지고 있는 물소리는 음악적 성질을 많이 가지고 있다. 계곡의 노도와 같은 강물, 풍성하고 강력하게 콸콸 떨어지는 분수, 작은 분수의 약한 물소리 또는 한 방울씩 기계적으로 떨어지는 소리 등으로 들린다. 높낮이와 소리의 질은 물의 양과 떨어지는 속도와 공명에 좌우된다. 그래서 흐름의 속도, 물길의 형태, 분수전면의 형태, 다양한 차원의 모습과 높이, 표면의

그림 39:
움직이는 분수와 벽천, 잔잔한 물이 있는 뮤지컬 "물건반"

그림 40:
물가에 다양한 돌을 개성있게 설치한 모습

깊이와 펌프에 의한 순환 등이 물의 설치로 발생되는 특별한 소리에 영향을 미치는 모든 것들을 순환시키게 된다.

\\ 참고:

영향요소들이 많기 때문에 소리는 떨어지는 물과 같이 다루기가 힘들다. 그리고 건설단계에서 검토되고 적합성을 확인해야 한다. 이것은 영향영역과 반향체, 또는 흐름의 속도가 변화함에 따라 이루어진다는 점을 말해준다.

사례:

여러 개의 움직이는 분수, 벽천, 이탈리아, 티볼리에 있는 Villa d'Este 정원에 있는 정원 "물의 건반"의 수조 등은 실제 악기처럼 시각적으로 연상시켜준다. 즉, 물의 압력이 변화하고, 제트물결이 다양한 힘을 나타내고, 상이한 표면이 음향을 연상시키는 것 등이다. (그림 39)

3. 기술적 변수들

기존 대지와 각 개인의 영감에 기반을 둔 수변공간 설치의 개념을 발견한 후 디자이너는 기술적, 경제적 가능성을 확보 할 수 있다는 확신을 바탕으로 일관성 있고 지속가능한 디자인으로 그 아이디어를 확장하고 개발해야 한다.

문제와 해결가능성은 접근방식만큼이나 다양하고 개별화되어 있다. 따라서 계획가의 이미지와 판단자료가 디테일에 까지 미쳐야 한다. 물의 유용성과 자원, 수조의 형태, 물의 방향과 움직인, 전체 경관디자인 등의 문제들이 총체적으로 고려되어야 한다.

3.1 경관요소로서의 수공간

수원(水源)
Source

수변공간 설치를 고려하기 전에 첫째로 할 일은 운용시간 동안 필요한 물 확보 가능성이다. 물은 샘, 호수, 강, 우수, 지하수 또는 지역 등에서 얻어진다. 그것은 중간매개 저수지에 모아지거나, 필요시 계획에 의해 공급될 수도 있다.

자연 배수지점의 풍부한 샘물은 수공간디자인에서 이상적이고 여유 있는 기반이 된다. 수질은 물이 통과하는 토양층에 의해 결정된다. 샘물 입구를 덮고 있는 건물은 오염을 막아준다. 이 방식은 여러 샘물을 결합할 수 있고, 충분한 저수량을 확보하며, 매년 변화하는 여러 샘물의 양을 보전해 줄 수 있다.

물은 파이프, 펌프, 수력발전이 있는 하천이나 호수처럼 지표수원을 통해 얻어지기도 한다. 댐과 수로가 있는 물방앗간은 이러한 방식의 좋은 예이다. 이 경로는 지속적으로 공급하게 해주지만 기존 물을 확장시키는 조처가 필요하다.

비, 눈과 같은 강수는 지붕, 광장 그리고 포장면 등에 매년 모아진다. 얼마나, 언제 그 많은 양이 모아질지는 그 지역의 기후가 결정한다. 이는 설치기간에는 물이 부족해짐을 의미한다. 특히 건기가 길어지는 여름엔 더 그렇다. 모아진 강수는 저장되고 용도에 따라 분배되기 전에 적절한 수준만큼 지상수조나 지하물 탱크에 저장된다. 우수는 보통 우수한 질을 가지고 있지만 주변의 불투수성 표면에 의해 흐르는 과정에서 오염될 수도 있다.

지하수는 바위틈 공간이나 토양층 사이에서 발견된다. 자갈이나 모래와 같은 투수성 토양에서는 쉽게 퍼 올릴 수 있어서 지속적으로 공급할 수 있다. 석조광산과 같이 거대한 크기의 침식으로 생긴 대수층에 노출된 것은 양질을 물을 가진 호수를 만들게 된다.

물을 얻는 간단한 방법은 기존 상수시스템을 활용하는 것이다. 물의 공급은 보통 지속적이고, 양질이며, 추가 처리나 조절이 필요 없다. 그러나 물 값은 중간 과정에서 비싸진다.

디자인에 따른 문제는 다양한 수원을 결합하는 것으로 해결할 수 있다. 결정요인 들은 물의 지역적 활용, 기존 저수가능용량, 비용발생, 요구 질 수준 등을 포함하게 된다.

구조
Structure

수공간 설치 › 그림 41 참고 로 완충 저장탱크가 결합된 물의 진출입을 통해 › 기술적 변수들, 물의 진출입 편 참고 물이 공급된다. 물은 자체로 (예, 분수대) 존재하거나 구조체인 수조와 함께 있을 수 있다. 수조는 디자인에 따라 보이는 (수조, 그릇, 물받이 등) 것이나 안 보이는 (배수로나 지하 펌프실 등) 것이 있는 오목한 형태를 가지고 있다. › 기술적 변수들, 수로와 수조 편 참고. 추가로 실내의 수리학적 순환으로 움직이는 물을 계획할 수도 있다. (순환하고 움직이는 분수의 맑은 물처럼) › 기술적 변수들, 물의 이동 편 참고

수량
Water quantity

필요한 물의 양은 채워질 양(분수수조나 연못)과 밀폐된 설비(연결 파이프나 완충물탱크 등)와 벽천, 움직이는 분수 등을 위한 일시적 필요량과 같은 것에 의해 결정된다.

\\ 참고:

대부분의 국가에서 기존의 물에 유입되거나 변화를 주는 것을 법으로 강력 하게 규제하고 있다. 이는 또 지하수의 분배나 유입에도 적용된다. 필요과정이나 허가에 필요한 시간은 프로젝트가 개발되는 동안의 시간을 고려하면 길어질 수도 있다.

\\ Tip:

물과의 직접적인 접촉을 포함해서 디자인에서는 상수의 사용이 최선이다. 물과 직접 관계를 맺는 수변 놀이공간 같은 음용수 분수와 설비를 디자인하는 경우에는 위생상 상수를 사용해야 한다.

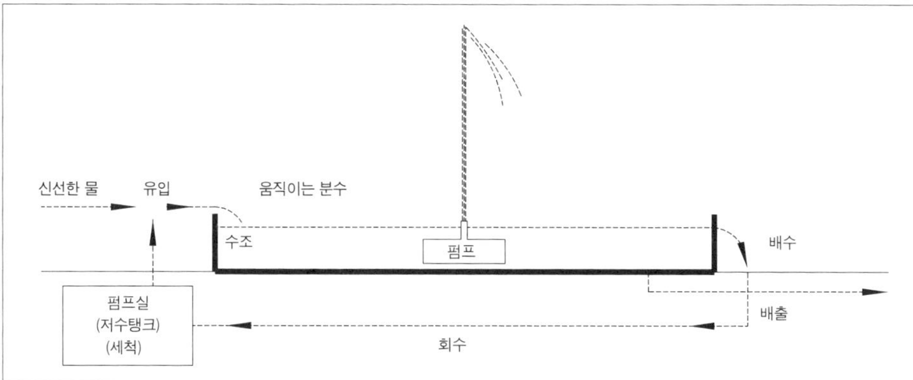

그림 41:
수공간 설치의 원리

유입은 그 설비를 완전하게 채우기 위해 일시적으로 필요하며, 물이 빠져나가는 것을 보충하기 위해 계속해서 필요하다. 정상적인 사용, 즉, 물 빠짐, 분수 등에 의한 손실은 수질을 유지하고 증발에 대비해서 물을 보충한다.

3.2 수로와 수조

물은 개념과 구조상의 실수를 용납하지 않는다. 아주 작은 누수가 발견되고, 스며든 물이 멈추는 다음의 불투수 면에까지 통과하는 과정이 놀랄 만큼 민감하다.

\\ 참고:
증발에 의한 손실은 태양과 바람에 노출되었기 때문이다. 이는 온화한 기후에서조차도 개방된 물에서는 매일 1cm의 손실이 발생한다. 이 영향에서 벗어나기 위해 우리가 선택한 지역에 그늘이나 바람막이를 만들어 주는 것이 필요하다.

표 2:
다양한 물의 경로

개방되기 위한 수로, 랜드스케이프 디자인	**지속시키기 위한 수로, 건축적 디자인**
진흙 / 실트모래	시투 콘크리트
벤토나이트	콘크리트 혼합체
탄성 막	플라스틱
타르 아스팔트 지붕쉬트	철제
회반죽 아스팔트	목재
쇼트크리트	조적조
플라스틱	자연석

밀실한 수조나 아주 불투수성인 바탕을 가진 토양은 거의 없다. 그래서 설치시에 효과적이고 지속성이 있는 물을 조성하는 결정요인들은 내구성 있는 수로를 선택해야 한다. 즉, 주변 환경과 여건 변화에 따라 정밀하고 상세히 개발되고, 각 구성요소들 간 적절히 연결된 것이어야 한다.

재료와 구조에 따라 여러 종의 수로가 기술적 유, 불리를 떠나 독특한 형태를 가지며, 크기의 정도에 맞춘 개념에 따라 형태적 요구조건을 갖추게 된다. 〉표-2 참고

요구되는 모양, 디자인 컨텍스트와 형태 및 치수, 물 이동에 따른 에너지, 물의 사용 방법, 마지막으로 토양기반은 수로의 필요조건을 결정하게 된다. 수로의 정점에는 항상 요구되는 최대 물 수준보다 위에 계속해서 자리하게 된다. 〉그림 42 및 기술적 변수들, 변수의 디자인 편 참고

토양기반은 충분히 밀실해서 장래 물 무게를 지탱할 수 있어야 한다. 추후 재설치 되는 것이 수로에 변수조건으로 디자인에 손상을 줄 수 있다. 하나의 규칙으로서 다음 방식이 사용된다.

진흙과 실트
Clay/silt

진흙은 가장 오래된 수로형식이다. 30cm 정도의 진흙과 실트로 된 투수성($k \leq 10^{-9}$) 수로는 돌이 없고, 안정된 단면의 기반에 적용된다. 거기에 자갈모래의 방어층이 채워지고 덮이게 된다. 1/3 이상 경사는 이 방식을 이용, 개발된다.

수로층은 건조한 덩어리와 하중이 없이 분배되고 동일하게 적용된다. 아도브벽돌과 진흙성형요소는 작은 지역에서 좋은 대안이 된다. 여러 층에서 적용되고 채워지게 된다. 시공 중 진흙의 밀실함을 확보하기 위해 적당 수준의 습기를 유지한다.

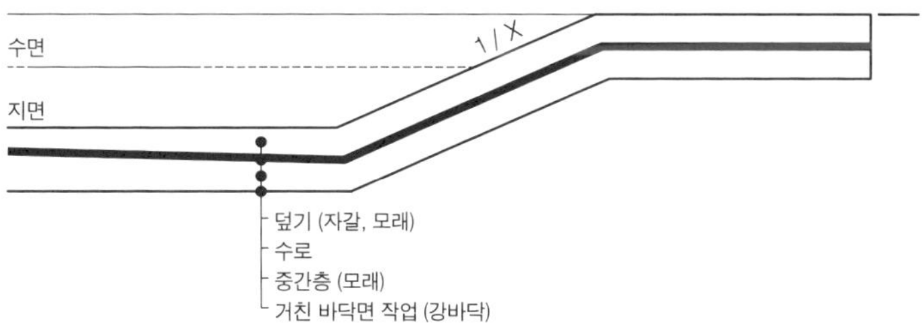

그림 42:
토양층의 기초구조 원리. 가능 최대경사도 (1/x)는 사용 재료에 따라 달라진다.

진흙, 실트의 특성은 미래 사용자들이 감성적으로 수용할 수 있는 높은 수준을 보장한다. 그 재료는 설비 철거시 쉽게 해체될 수 있다. 그러나 물 공급이 중단 또는 끊기면 재료가 건조해져 크랙이 깊게 생긴다. 이것이 하중과다나 뿌리의 왕성한 성장 등처럼 누수손상의 원인이 된다. 그 팽창성으로 진흙과 실트에 틈이 생기기 때문에 작은 설비에는 자가회복 능력을 갖게 한다. 이런 특성으로 기존의 작은 크랙에는 추가로 정확한 측정을 하지 않아도 자갈과 모래를 같이 채워 그 층에 있는 가느다란 손상부분을 자동으로 채워지게 하거나 토양을 보충하여 경계에 스며들도록 한다. 한편, 진흙층에 혼합하거나 통과시키는 것은 어렵다. 이 경우 보통 유연성 있는 막을 추가로 넓게 덮을 필요가 있다.

이 층방식은 계속해서 물이 채워지고, 많이 사용되지는 않고, 정원 연못처럼 설치물 들이 많지 않은 자연에 가까운 물의 형태에 적합하다.

벤토나이트
Bentonite

진흙층의 특별한 형태의 하나가 진흙성 광석으로 흡수성이 높은 벤토나이트로서, 그것은 자갈, 모래의 방어층으로 채워지거나 덮이기 전 단계에 가루형태로 토양층에 채워진다. 어떤 제조업자는 토양 위에 놓여질 수 있는 조립식 매트의 형태로 엉성하게 혼합한 것을 대체물로 제안하기도 한다.

벤토나이트는 땅에 선형층을 추가시켜 비싼 토양 교체필요성을 제거하면서 토양의 실제 불투수성을 증가시켜준다. 이 방법은 토양이 이미 높은 수위의 불투수성 물을 포함하고 있다면 아주 유용하다. 다른 적용 규정과 규제는 토양의 특성에 따른다.

유연한 막
Flexible
membranes

이 방법은 주택에서 가장 많이 사용된다. 1.5-2.5mm 두께의 플라스틱을 크기에 따라 잘라서 서로 붙인다. 그것을 평평한 모래층 위에 미리 틀을 만들어 안정되고 잘 정리된 지반에 놓고, 자갈모래의 보호층으로 덮는다. 1/3 정도의 경사까지 가능하다. 급경사는 상부층을 침식하게 되고, 압력과 자외선에 민감하기 때문에 점차 막이 노출되게 된다.

자연스럽게 보이게 하려고 흙으로 빚은 것처럼 막을 부드럽게 휘어서 만든다. 고정과 관통장치와의 연결은 테두리와 끝부분을 제거한 것을 사용하여 방수가 되게 만든다. 추후 보수는 어떤 정도만 가능하다.

유연성 있는 막의 이점은 유용성과 빠르고 쉬운 설치, 매우 투수성 있는 기반을 밀실하게 하는 능력 그리고 비교적 경제적인 가격 등이다.

이 방법은 우수저장탱크와 같은 큰 규모의 구조물이나, 더 작은 경관용 연못설비를 위해 디자인되어 설치할 경우 등에는 거의 사용되지 않는다.

타르를 입힌
아스팔트 지붕 쉬트
Tar*bitumen
roof sheeting

하나의 켜처럼 타르를 입힌 아스팔트 지붕은 유연한 막과 유사하다. 타르를 입힌 지붕쉬트는 양면에 아스팔트로 코팅된 쉬트재로 구성되어 있다. 이 재료는 쉽게 구해지고 사용방식이 단순하다. 그러나 그것이 자외선, 뿌리를 막을 수는 없고, 다른 경제적인 방법이란 것은 단지 일시적 설치에 불과하다.

\\ 참고:

막을 선택할 때 자외선과 뿌리의 저항을 검토한다. 방울이 발생될 수 있으므로 막을 커버재로 적용하기 전에 평평하게 펴지고 불순물 없이 부드러운가 검토 한다. 뿌리가 왕성해서 막을 쉽게 뚫을 수도 있는 등나무나 대나무와 이 대지 내에 있다면, 커버를 보강하고, 막의 질을 높히거나, 뿌리에 저항하는 플라스틱 방어층을 추가하는 것이 식재구역에서는 필요하다.

\\ Tip:

파이프라인과 배출을 위해 돌을 채운 아스팔트쉬트를 뚫는 것은 경계부에 아스팔트를 직접 붓는 것이 최선이다. 이 구조를 다른 건축구조들과 연결하기 위해서는 틈을 넓히고 아스팔트로 채워넣는다. 계단과 같이 더 작은 건축요소들은 그 틈에 직접 덮어 놓을 수도 있다.

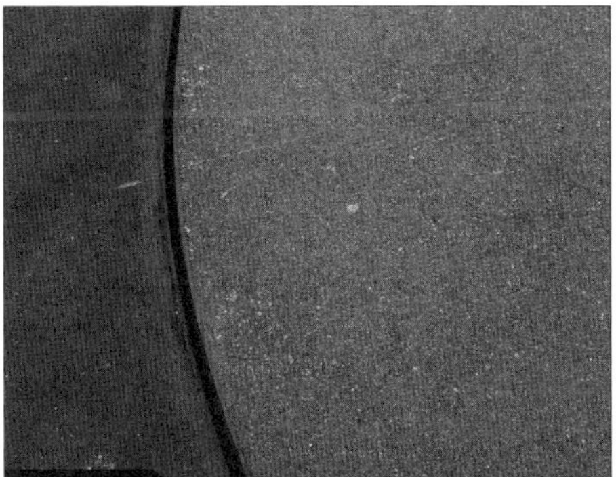

그림 43:
하부층에서 포장면까지 틈이 없이 밀실한 경계

그림 44:
아스팔트, 콘크리트와 금속의 복합 시공방법

아스팔트수지
nastic asphalt

아스팔트수지는 가열해서 붓는 액체형 조밀 아스팔트 덩어리이다. 2개의 1cm 두께의 표면층을 동결방지층, 광석바탕, 아스팔트 접합층으로 된 바닥바탕에 시공한다. 이 방법은 1/2.5 이하 경사도에서 가능하다. 이는 추후 첨가하거나 재충진 할 수 있어 지속성과 안정성이 있다. 이 과정은 정확한 기술을 적용할 때만 가능하다. 작은 곳에 설치하기에는 복잡한 과정과 비교적 비싸다.

돌로 채워진 아스팔트쉬트는 생산과 설치에 더 경제적이기도 해서 이 방식을 대체하기에 적당하다. 그러나 아스팔트수지와 같은 조밀한 구멍을 만들기 어려우므로 주변을 따라 더욱 기술적으로 정밀한 설치가 요구된다.

돌로 채워진 아스팔트쉬트층 방식은 넓고 울퉁불퉁한 지역에 추천 할만 하다. 거기에는 구멍이 있지만 안정적인 기초이며, 하나의 설치물로서 도심의 연못설비와 같은 곳에 많이 사용된다. 주변도로의 포장을 부드럽게 전환시켜주고 얕아서 지나다닐 수도 있는 리플렉팅 풀에도 사용될 수 있다. 〉 그림 43 참고

현장시공 콘크리트
In situ concrete

현장시공방식은 수공간 설비에 고밀도 수밀시멘트로 사전 보강된 것을 사용한 안정적인 기초 위에 세워져야 한다. 정확한 틀 작업으로 모든 경사각과 정확한 형태가 현장에서 시공될 수 있다. 〉 그림 40, p. 36 참고 필요로 하는 곳에서 이러한 것을 직접 생산하는 것은 부지의 특수한 작업조건과 특별한 형틀의 시공 그리고 시멘트의 수축 등으로 오리지널 디자인에서 훨씬 더 많은 내구력을 필요로 한다. 눈에 보이는 부분은 연한 노출콘크리트 또는 벽돌, 페인트, 타일 등으로 시공된다.

콘크리트는 무독성이므로 동식물에 안전하다. 초기 단계에서 물 흐름은 물의 수소이온농도(pH)를 개선할 수 있었지만, 물이 이 문제점을 개선할 수 있도록 변화를 주었다.

이 방식은 이 설치가 비중 있게 사용될 수 있다면, 수영장, 운하나 수조 등과 같은 더 큰 건축적, 기하학적 프로젝트 대부분에서 사용될 수 있다. 〉그림 45 참고

콘크리트 혼합물
Concrete comonents

콘크리트 혼합물은 공장에서 제조되고, 시공현장에 분배되며, 준비된 기초부지에 설치된다. 큰 규모로 설치될 때는 여러 혼합물로 구성되거나 특히 건물의 대형기초판일 경우에 현장치기방식으로 부지에 설치되기도 한다.

조립구조물에서 조인트는 매우 주의 깊게 시공하고 마감되어야 한다. 그밖에 고품질의 콘크리트를 확보하는 것은 공업화된 구조물이 매우 정확한 건물요소들을 보장하고, 표면재가 개발될 수 있는 것과 마찬가지로 내구력에도 영향을 미치게 된다. 〉그림 46 참고 운반 방식과 용량은 요소들의 규격과 형태를 제한하는 유일한 면이 된다.

\\ 참고:
5m 이상의 콘크리트 구조물은 익스펜션 조인트를 해야 한다. 선형 테이프 를 삽입해서 방수가 되도록 한다. 이 조인트는 앞으로 설치될 수공간 모습에 영향을 준다. 이는 이 분야의 기술적인 면 만큼 디자인을 고려해야 한다는 것이다. 예를들어, 규칙적인 간격 유지 등, 표면을 거칠게 하거나 녹여서 처리한 후 조차도 강화시멘트는 보호처리를 할 필요가 있다. 콘크리트 수경 기술시공 중에는 커다란 콘크리트 커버가 부식으로부터 보강철근을 보호하기 위해 필요하다. 이는 구조상의 요구 보다 많은 구조물이 필요함을 의미한다.

그림 45:
현장 타설 시공된 분수

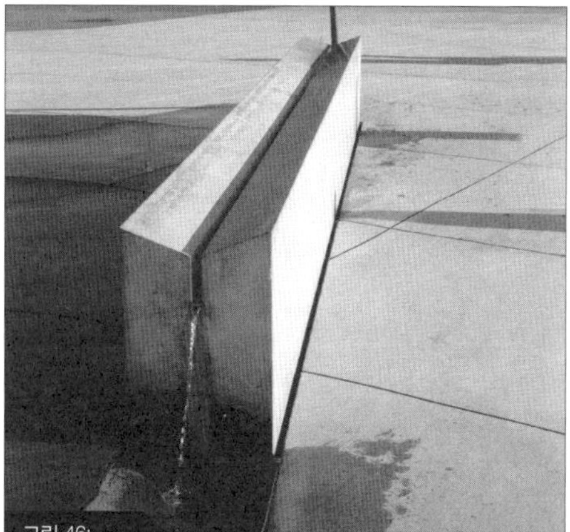

그림 46:
정밀 시공된 콘크리트 구성요소

조립요소들은 성형석재로 불리며, 외관은 거친 표면, 요철면 처리, 모래분사, 산화부식, 모래 갈기 등으로 돌이 잘리거나 디자인 된 것으로 보인다. 콘크리트 구성요소는 높은 정밀도나 특별한 표면구조가 필요할 때, 또는 건설현장에서 떨어져 있는 부지에 대량의 자재가 생산되고 제조되어야 할 때에는 건축디자인을 위해 단일 구성체 또는 기초적인 구성체처럼 폭넓게 사용된다. 이 방법은 자연석에 비교될 수 있으나 보통은 더 경제적이다.

숏크리트
Shotcrete

숏크리트는 콘크리트 기술의 특수한 형태이다. 두껍고 유동성 있는 형태를 가진 특수콘크리트가 타설폼과 토양 또는 기타 요소들로 구성되어 정리된 표면에 진공발사기로 분사하여 폐쇄된 건설현장에 투입된다. 이 강력한 압력은 지반토양을 밀실하게 한다. 수공간 설비가 어떻게 활용되고 기초면의 질이 어떠한지에 따라 필요한 강화방식이 있다.

이 방법은 지형변화, 건축구조와의 다양한 연계설치방안, 또는 사용중량을 버텨야 할 경우 등에 따라 설치계획이 달라진다. 이는 아스팔트수지 방식과 유사하며, 시공현장의 접근이 어려우면 파이프라인을 통해 전달될 수도 있다.

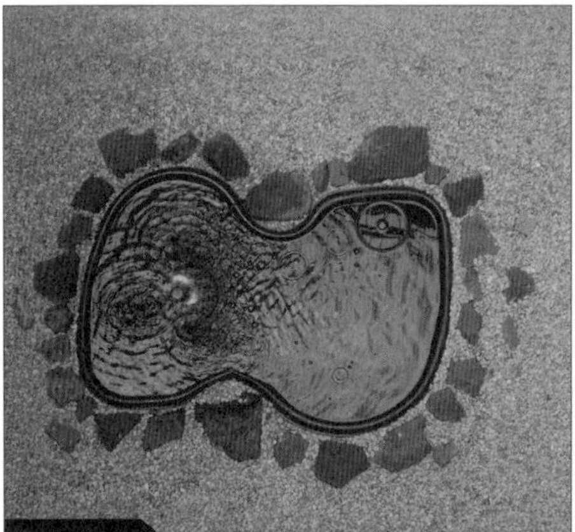

그림 47:
플라스틱 수조 주변의 보기 흉한 주변 모습

그림 48:
매우 얇은 철판 두께를 가진 수조에서 자라는 식물

플라스틱 구성요소
Plastic components

이런 방식으로 플라스틱이나 강화유리섬유 복합수지는 요구하는 형태대로 공장 제작이 되고 제조공정에 따라 대지면 아래의 굴착된 피트에 설치된다. 대형 수지는 종종 안정화를 위한 린(lean)콘크리트 등의 뒤채움으로 불리기도 한다. 플라스틱 요소는 소형 또는 중간사이즈의 설비에 유용하고 재사용되기도 한다. 그러나 유리섬유수지를 주위의 대지에 구조물을 미학적으로 통합하여 복합화 하기 위해 눈에 띠지 않게 하는 것은 어렵다. 〉그림 47 참고

이 방식은 임시적 설비와 소형 장식용 풀에서 흔히 볼 수 있다. 일예로 지하의 구조는 돌로 감춰져 있거나 지상의 수영장처럼 전체가 노출되어 있는 것과 같다.

철
Steel

철구조물은 분수설비, 장식용 풀, 크나이프 족욕장, 수영장 그리고 댐, 물배송관, 놀이시설 등과 같이 오랜 시간 동안 많이 사용되는 시설 등에 쓰인다. 철의 시각적 유연성은 놀라울 정도이다. 〉그림 48 참고 그것은 아주 튼튼하고 정밀하게 제작, 설치될 수 있으며, 독특하고 정밀한 요구조건에 따라 리플렉팅풀을 설치할 때 매우 유용하다.

규정에 따라 부식 안 되는 스테인리스스틸이 사용되지만 이 재료는 약해 보인다. 이 문제는 샌드브래스팅, 페인팅, 표면 파우더코팅 등의 표면처리로 보완될 수 있다. 페인트는 시간이 지나면 칠하고 벗겨지고 하면서 없어지기도 한다.

그림 49:
물이 분사되는 분수의 두꺼운 테두리 벽

그림 50:
나무로만 제작되어 설치된 오랜 역사를 가진 분수

아연도금 되고 거친 철은 비바람에 강한 철, 부식에 강한 스테인리스 합금, 비바람에 "녹슨" 표면 등처럼 분수와 주변시설을 만드는 데 사용이 증가하고 있다. 〉그림 49 참고

목재
Wood

목재는 특히 산악지역에서 물 저장을 위한 오랜 전통을 가지고 있다. 파이프라인과 통로는 전체 나무줄기에서 고안된 것이다. 긴 박스형 통로와 밀실하게 공간이 뭉쳐있는 것은 물방앗간의 물레를 만드는 방식과 목욕공간을 위해 넓고 특성 있는 리플렉팅 풀 그리고 매력적인 분수설치 등에 활용되었다. 〉그림 50 참고

이러한 다양성은 건축적 형태를 만드는데 그리고 콘크리트 시공방식에 비교되어 사용되었다. 주변 구조물은 물에 강한 통나무로 만들어 졌다. (오크, 낙엽송, 열대 목재 등). 〉그림 50 및 51 참고

\\ Tip:

비바람에 강한 철조차 습기가 차거나 오랜동안 습기에 노출되면 결국은 부식된다. 중도에 손상되는 것을 피하기 위해 구조적으로 필요한 것보다 벽을 더 두껍게 디자인할 필요가 있다.

그림 51:
시각적으로 가느다란 통로를 만든 목재마루의 디테일

모서리의 벽수지나 자연석은 온화한 겨울기후에 많이 쓰인다. 벽식 구조는 형태의 개발, 혼합재, 표면이 디자인된 구조 등에 자유로움을 제공해 준다. › 그림 52 참고

그러나 안정된 구조물은 움직임에 의해 생기는 크랙 방지, 또는 동절기에 크랙방지를 위해 공극이 적은 동결방지 용 벽돌을 사용할 수 있는 데에 필수적이다. 여러 개의 조인트는 늘 바탕의 문제를 안고 있다. 그것은 조립식 콘크리트 수지를 설치함으로써 수정될 수 있다. 벽식 구조는 소형 건축적 연못과 운하에도 추천될 만 하다.

자연석
Natural stone

의심할 여지없이 자연석은 수조나 분수 조경석, 겉 표면, 물통 등에 가장 중요하고 매력적인 재료이다.

하나의 단순한 변수는 자연석의 얇은 상부층과 결합되어 콘크리트 기초를 지지할 수 있느냐이다. 운하는 연석, 자갈, 거친돌 등으로 만들어진다. 재료와 경비 절약을 위해 소형 분수블럭이 얇은 돌과 마주하게 될 수도 있다. 그러나 정밀한 조인트 작업이나 코킹도 석재면의 분리성만 표출될 뿐 두 개의 이질적인 면을 결합시키기는 어렵다. › 그림 53 참고

그림 52:
시각적으로 가느다란 통로를 만든 목재마루의 디테일

이 문제를 피하기 위해, 사암은 분수 블록 시공에 쓰인다. 이는 보통 석재벽돌로 수작업 되는 자연석이다. 단단한 자연석은 돌의 좀 더 조각적 처리를 가능하게 해주며, 고면을 주거나 그릇 모양 또는 장식적 형태에 유용하다. 〉 그림 54 참고. 석재 간의 조인트는 돌작업이 숙련되고 아주 정교할 수 있다면 밀착시켜 방수가 되게 한다. 납 마감은 조인트의 마감에 가장 영구적인 방식이라고 할 수 있다.

단일체 구성은 돌의 독자적 힘이 물의 경쾌함과 상호작용하면서 매력요소가 된다. 〉 그림 55 참고. 단일체 디자인은 돌덩어리의 사전 크기에 따른다. 다시 말해, 채석장의 석재층 두께, 돌이 채석되어 운반하는 제한 범위 등이다.

자연석은 아주 작은 내구성에도 적용될 수 있다. 그래서 벽천이나 폭포의 정교한 흐름을 조절하는 것이 가능하여 작은 수량에도 적용된다. 표면처리 또한 전체 디자인에 영향을 준다. 대지 또는 광택 있는 표면은 물의 반짝이는 특성을 강조해 주며, 형태의 우아함을 돋보이게 한다. 얼룩짐 또는 약간의 샌드브래스터된 처리는 벨벳매트 표면처럼 보이게 하고 풍화되게 하여 더욱 연륜이 있어보이게 한다. 잘라 내거나 오톨도톨하게 한 것과 같은 거친 마감은 돌의 거친 외양 뿐 아니라 – 물의 깊이에 따라 다르지만 – 물의 흐름을 늦추고 표면에 이끼를 많이 자라게 한다.

그림 53:
자연석 얇은 판으로 분수대를 조성한 예

그림 54:
다양한 경질사암으로 결합되어 만든 분수대

특별한 수조
Unusual basins

바탕과 형태가 하나로 된, 그리고 동일하게 장식적으로 디자인 되어 중요한 개념의 하나가 된 분수와 물통과 같이 더 작은 설비와 조각 등을 위한 다양한 재료가 있다. 지역과의 연계, 즉 그 지역에서 생산되는 원자재, 전통적 생산 및 제조방식은 이 방법을 나타낼 수 있을 것이다. 유리, 테라코타 또는 왁스 〉그림 56 참고 등은 알루미늄, 주물로 된 철, 브론즈 등과 다른 금속 및 합금과 함께 사용될 수 있다.

\\Tip:

자연석은 자연 풍화 과정의 표본이라고 할 수 있다. 이것은 기존 구멍, 크랙, 물의 통과, 동결에 의한 크랙 발생, 진동에 의한 인장크랙, 시간경과 및 돌의 파괴 등에 의해 가속화된다. 이를 피하기 위해 제조자가 승인하고 보증한 동결 및 물에 복원력이 뛰어난 것만을 사용한다.

그림 55:
단일체 자연석 분수를 따라 흐르는 가느다란 물줄기

그림 56:
임시정원에 만들어 놓은 밀랍 분수의 드문 예

3.3 수공간 경계벽 디자인

수공간 경계벽의 디자인은 수공간의 창출에 가장 핵심적인 분야의 하나다. 어떻게 선택하고 개발하는지 여부가 디자인 전반에 동반하여 뚜렷하게 나타난다. 그 형태 -식물과 벽에 장애요소로 또는 인도교로 되거나 돌이나 계단을 밟게 되는 것 등-는 수공간 설비가 사용되고 경험될 수 있는 방법에 영향을 준다. 경계벽은 자연경관, 건축적이고 견고하며 안정된 구조가 어떤 것인지 전반적 특성을 정의해 준다.

위치
Location

경계벽은 바닥층의 경계가 되고, 물에서 주변 환경까지 전환점이 되기 때문에 보통 수공간시설 중 가장 민감한 지역이다. 수공간이 방문객에게 매력을 주는 어떤 점은 가능한 한 밀착해서 체험할 수 있다는 것이고, 주위에 더 많은 영향요인이 있음을 의미한다. 그래서 아주 신중하게 디자인 되고 시공되어야 하는 것이다. 다른 한편으로, 경계벽면은 수위가 계속해서 오르내리고, 땅 속으로 습기가 스며들거나, 물이 계속 넘실대므로 세밀한 계획과 구조적 명확함으로 대응할 수 있게 되어야 한다.

경계벽면은 지속성이 있고, 적어도 유입, 유출에 의해 결정되는 계획 최대 수위 정도로 높아야 한다. 그리고 하부층의 형상과 완벽하게 적용되고 통합되어야 한다. 요동치는 수위는 증발, 또는 사용에 의한 것임을 또한 고려해야 한다.

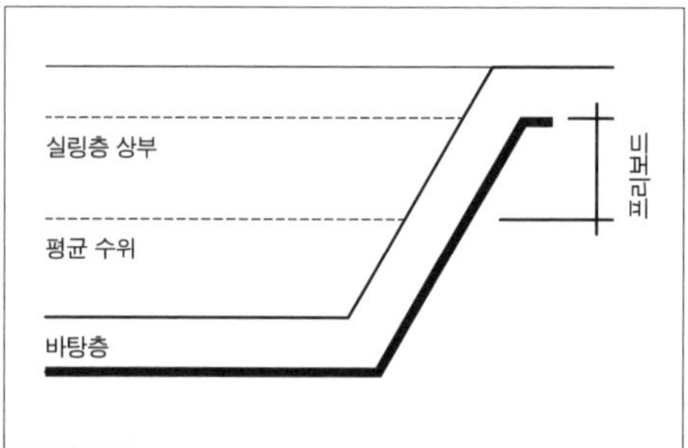

그림 57:
프리보드(freeboard) 원리

모세관 작용
Capillary action

대부분의 재료는 그 내부의 작은 구멍구조에 의해 결정되는 양초심지 효과와 같이 자체로 모세관 작용을 한다. 모세관 효과란 물을 보이는 표면 하부의 토양으로 가라앉히는 것이다. 그것은 수조에서 물이 새나와, 영원히 물에 잠긴 환경이 되고, 이는 재료의 활용에 따라 주변의 안정성이 저하되기도 한다.

프리보드
Freeboard

프리보드는 보통 손상에 대비하고 물 손실을 막기 위해 단면 디자인에서 사용된다. 이것은 최대 계획수위를 넘어서는 선상까지 경계면의 확실한 지속성을 말한다. 〉그림 57 참고 프리보드의 높이는 수공간 시설의 크기와 움직임 그리고 노출도와 사용량 등으로 결정된다. 이는 작은 물그릇이나 새 물통과 같은 소형 물건에는 덜 필요하고, 움직이는 물은 옆으로 흘러 나가므로 문제가 안 된다. 중간 사이즈의 공원연못에는 2-40cm의 프리보드가 적당하다. 자연 상태의 물에서는 프리보드가 1m 이상으로 늘어날 수도 있다.

\\ Tip:

경계벽면디자인에서 모세관 장벽의 통합은 모세관 효과의 장애가 되고 경계 지역에서 누수와 침수를 지켜준다. 적당한 선택에는 낮은 파편조각들과 큰 공극을 가진 거친 자갈이나 자갈모래로 느슨하게 채워진 것과 같은 것과 콘크리트나 작은 구멍을 가진 자연석 등이 포함된다.

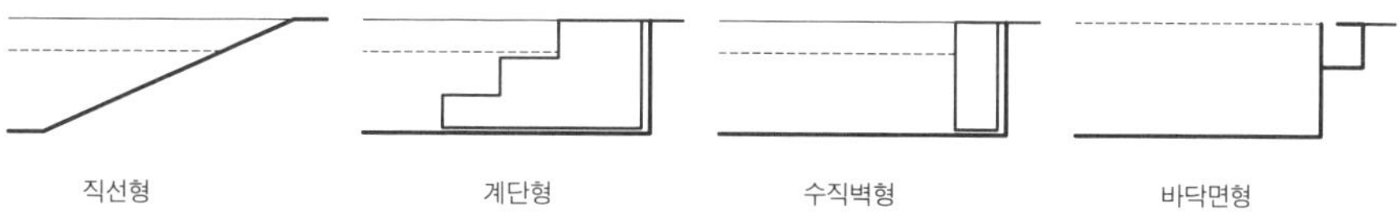

그림 58:
다양한 경계벽 : 둑까지 직선형, 계단형, 수직벽형, 바닥면 통로형

프리보드는 경계벽면이 한층 튼튼해 보이고, 수공간 체험과 방문객 사이의 차이를 만들어 준다. 수면은 전체 비례상 비교적 너무 "깊고" 너무 작게 보인다. 이 인상은 식물을 동반한 적절한 조경으로 대응될 수 있고, 수위가 더 높으면 시각적으로 바닥이 휘어져 보인다. 물속에 가는 계단이 만들어지면 기술적으로 높이 도약하는 경관이 강조된다.

둑
Bank

경계벽면은 지속적이고, 형태상 결합력이 있고, 내구성 있는 바닥구성 방식과 혼합요소, 재료에 의해 바닥재부터 개발되었다. 〉 그림 58 참고 경계벽은 씻겨나가고 침식되며, 가열과 과다이용으로 크랙발생과 재료 변화에 의한 틈이 생기며, 진동에 의한 피로누적 등 물 움직임에 취약하다.

경계벽면 형성의 간단한 방법은 바탕(예를 들어 아스팔트수지나 진흙바닥 등)을 서서히 들어 올려 프리보드 위에 맞추는 것이다. 여기서, 젖은 정도가 고려되었다면, 안정성의 최소 수준과 재료의 가능한 최대 경사도는 거의 동일하다. 이 방식은 길고, 낮은 수공간에서 비교적 넓은 둑을 만들어 준다. 그러나 콘크리트 벽이나 돌 뭉치 같은 안정된 구조물은 더 깊은 물의 더 급한 경사면이나 좁은 둑도 가능하게 한다.

사용재료 선택이나 경계벽의 구조는 개방되고 경관적이며 직선적, 건축적인 경계로의 특징을 갖게 한다. 〉 표 3 참고

자연 경관
조경 단면
Natural-looking
landscaped
perimeters

자연적으로 설계된 둑은 물 깊이, 단면 폭, 재료, 그리고 식물의 상호작용으로 변화되므로 다양한 단면이 필요하다. 불규칙한 외양은 바닥유형, 경계구역의 형태, 프리보드의 세밀한 통합이 필요할 때 또는 경계벽에 식재할 정확한 규칙을 만들 때에 높은 고도의 유연성을 갖게 한다. 〉 기술적 변수들, 바탕과 수조 / 식재 편 각각 참고

표 3:
경계벽면의 특성별 마감재료〉

개방된, 경관지향의 경계벽면에 적합한 재료	직선형 구조물의 경계벽면에 적합한 재료
잔디	벽
울타리 / 덤불	계단
자갈과 모래	수로
돌/바위 무더기	돌망태
잔가지	

구조적, 건축적 경계벽면 구조
Structural, architectural perimeters

벽이나 분수수조처럼 견고한 경계를 가진 건축적 단면은 정밀한 계획과 시공이 요구되며, 특히 요구된 효과가 눈에 보이게 되면 지상레벨의 수면에서는 더욱 그렇다. 이 방법은 구조재 내구력이 낮은 (자연석이나 콘크리트 부재 등) 것과 정확한 물의 공급과 배수를 위한 요소들, 그리고 지원 기술(순환펌프 등)을 가진 재료를 필요로 한다. 〉 그림 61, 62 참고

3.4 물의 유입과 배출

각각의 시스템은 수위 유지를 위해 매일 물의 유입을 필요로 하며, 가능하면 완벽한 수공간 설비로 배출하기 위해 바닥배수와 같은 배출이 필요하다.

\\Tip:

물표면의 시각적 질은 유입방식에 의해 조절된다. 낮은 표면장력이 선을 만들어내는 방식은 수면아래 깊숙히 위치하고 수조 위의 흐름과 연결되어 깨긋 하고 잔잔한 표면을 만들어 낸다. 수면 가장자리의 수평수로는 적절한 표면장력 을 가지고 집중된 수원을 가진 물결과 순환파를 만들게 된다.

그림 59:
얕게 흐르는 시냇물을 위한 잔디 둑

그림 60:
흩어진 큰 돌로 직선의 얕고 긴 자갈 둑 조성

그림 61:
현장타설 콘크리트로 만들어진 견고한 곡선형 물 가장자리

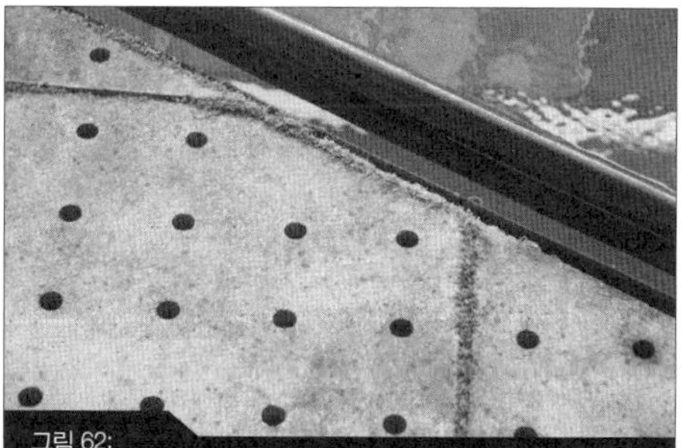
그림 62:
제작된 철제 경계면이 있는 리플렉팅 풀 디테일

유입과 유출은 수변공간 디자인의 시작과 끝이며, 전체적 개념에 따라 개발되어야 한다. 그 수리적 용량은 전반적인 시스템과 일치하고 압력시스템이 필요 없고 펌프와 상부물탱크를 사용한 압력시스템을 가지고 독립적으로 작동되도록 한다. 이것은 완벽하게 감춰지고 확실하게 눈에 띠도록 여과시스템에 의해 해로운 불순물로부터 보호되고 유지관리 되도록 해야 한다.

유입, 유출의 은폐
Concealed inflow and outflow

은폐시스템은 압력호스와 흡입호스로 구성되어 있는데 이는 펌프시스템과 통합되고 수면 아래에 숨겨진다. 유입부 전면에 자리한 추가 물탱크는 조절하고, 절약하며, 소용돌이를 피하기 위해 물 흐름을 서서히 조정한다. 〉그림 63 참고 감압시스템에서 유입과 유출은 물의 배출과 흐름 그리고 유입부의 외부에 감추어진다.

그림 63:
물탱크 바닥으로 시각적으로 유입되게 보이는 정지수면

그림 64:
장식성이 높은 분수 파이프

그림 65:
도기로 만들어진 수구

그림 66:
나뭇잎 형상의 흘러넘침형 연못의 철제 보호망

유입, 유출의 시각디자인화 Visible inflow and outflow

시각화 가능성, 즉, 유입, 유출 시스템을 디자인하는 것은 매우 다양하다. 단순한 상황에서는 수면에서 나타나는 단순한 물의 모습, 계속 콸콸 흐르거나 간헐적으로 솟아오르는 등의 것과 같이 디자인 된다. 댐에서 넘쳐흐르거나 해안의 펌프장, 거친 기술적 매력을 가지고 있는 펌프와 같은 기술시공에서는 이러한 컨텍스트에 적합한 방식으로 디자인 되고 통합된다. 한 가지 단순한 예가 물의 유출파이프는 〉그림 64 참고 철이나 브론즈로 제작되어 장식적인 것, 평범하게 직선 또는 커브로 된 것 등이 있다. 물은 제작된 요소들, 자연석, 가공된 돌, 물통, 배출구, 철제그물망 등에서 흘러나온다. 거기에서 물결을 일으키거나 잠겨 없어지게 한다. 결국, 그 수원들은 이 효과를 강화하기 위해 조각적인 형상과 예술적으로 조소적인 면이 강조되고, 은유적 형상과 동화 같은 형상, 또는 스프레이 되고, 분출

그림 67:
리플렉팅풀 중앙의 배수

되고, 넘쳐흐르고 물을 가두는 등의 모습을 디자인하게 된다. 〉그림 65, 66 및 67 참고

바닥 배수
Bottom outlet

동절기에 풀을 유지하고 비우기 위해, 〉기술적 변수들, 동절기 보호 편 참고 바닥 배출은 거의 노출되지는 않지만 쉽데 작동되게 하기 위해 단순한 기술적 요소로 디자인 되어야 한다. 그것은 슬라이딩밸브로 개폐 가능한 물탱크 가장 깊은 곳에 위치한 유출 유니트가 될 수도 있다. 전체 펌프시스템의 일부이며, 한층 작은 설비이고, 단순한 입상형 오버플로 파이프인 오수펌프는 물탱크를 비울 때 완벽하게 분리되어야 한다.

3.5 물의 움직임

물의 움직임은 물의 시각적 특성에 영향을 미친다. 움직이는 물을 위한 설비는 흐름, 낙하, 분출 등 세 가지 방식으로 정의할 수 있다.

\\ 참고:
유입, 유출과 연계해서 대부분의 경우에서 처럼 조용한 물의 움직임과 기술적으로 단순한 방식은 자연스런 물의 흐름에 따라 감압되어 개발될 수 있다. 반대로, 생동감있고, 소용돌이 치는 물을 추진시키는 압력이 충분하므로 기술력이 필요하게 된다.

그림 68:
조각처럼 디자인되어 설치된 수로를 따라 흐르는 수면

그림 69:
소용돌이와 함께 물의 속도를 다르게 만들어 주는 댐

유수
Flowing water

실개천이나 운하와 같은 흐르는 물은 높은 곳에서 낮은 곳으로 흘러내린다. 그것은 단순히 운하나, 연속된 물웅덩이, 또는 자연이나 인공물과의, 바탕이나 구불구불한 형상의 결합이 될 수도 있다. 운하는 지속적인 물 공급이 필요하며 이 공급이 막히면 건천이 된다. 이 시스템이 작동되지 않거나 건기가 길어지면, 운하를 유지하기 위해 정교한 방벽을 쌓거나 웅덩이를 만들어서 물을 얻는 것이 현명한 일이다.

하나의 설비를 위해 필요한 물의 양은 유출지점의 직경과 경사도, 운하의 표면 거친 정도, 그리고 유속 등으로 산정될 수 있다. 일정한 경사를 가지고 단면을 넓히면 속도는 느려진다. 좁아지면 속도가 증가한다. 〉그림 68 참고 물 표면의 물결과 소용돌이의 모양은 운하의 경로에 의해 영향을 받게 되고 유속과 기존의 요동에 의해 얼마나 자주 방향이 바뀌고, 단면상의 표면구조에 의해 얼마나 부서지느냐에 따라 다르다. 〉그림 69 참고

폭포
Falling water

폭포는 물의 자유 낙하된 양으로 만들어진다. 이 방법으로 물은 넘치고, 느려지기 전에 모아지고, 돌출된 위로 흐르거나, 경계가 물 밑으로 떨어지기 전에 모아진다.

물 넘침과 경계 그리고 유속 등이 벽천의 맑고, 지속성이 있으며, 조용한 정도를 결정하게 된다. 〉그림 70 참고 폭포가 더욱 조용하고, 깨끗하며 지속성이 있을수록 물의 지속적인 흐름을 더 정확하게 산정할 수 있고, 표면, 구조, 돌출부와 경

그림 70:
물 파편이 쏟아지는 장면

계의 수평설치에 대한 보다 정확한 개발이 필요해질 것이다. 자연의 "천연" 폭포는 물과 안개, 거품의 요동과 소용돌이가 있다. 거기에는 불규칙한 경계, 흐름의 변화를 가진 기능이 있고 바위는 소리를 한층 크게 해준다. 예측이 어렵기 때문에 폭포의 실제적 시각효과는 크며, 시공단계에서 발전과 적응의 필요성을 만드는 동안 설치를 위한 시험가동에는 최적이다.

✎

\\ Tip:

고요한 풀에 강력한 폭포가 있다면 물표면의 반향음은 물 너머 멀리까지 퍼져나갈 것이 다. 정지된 물의 조용한 특성을 유지하기 위해서는 폭포의 임팩트가 있는 뒤에 돌 하나를 물길에 놓아둘 수도 있다. 이렇게 하면 시각적 움직임을 방 해하고 수면을 잔잔하게 해준다.

폭포, 특히 명확하고 깨끗한 물은 부유물에 민감하게 반응한다. 얕은 물도 낙엽과 같은 불순물이 물결을 부서지게 하며 불규칙하게 낙하하게 한다. 이러한 것들을 위로 넘치게 하는 좋은 입지와 스크린 또는 여과장치 등은 불순물을 깨끗하게 제거해서 이 문제에서 벗어나 물 흐름을 맑게 유지해준다.

물의 상승
Rising water

분수는 다양한 높이와 강도로 분출하는 물로 구성되어 있다. 그것은 단독 또는 그룹으로 배열되고, 높이와 움직임에서 연속성과 리듬감을 가지고 있다. 각각의 형태는 독특한 조합과 수압, 분수의 노즐과 형태에 따라 달라진다. 〉그림 71 참고

단일 노즐은 〉그림 72 참고 바람에 저항해서 14m 높이와 수직으로 15도 범주의 깨끗한 물을 분사한다. 복합분사 노즐은 갈라지고 서로 합쳐지면서 떨어지는 물 분출을 만들어 낸다. 회전식 베이스에 오를 때는 되튀는 물이 회전하면서 스크류 모양의 형상을 만들어 낸다. 물 절약형 우묵한 분사노즐은 80m의 높이를 가진 분수에 사용된다. 수막형 노즐은 차단막과 돔형상의 종모양의 물처럼 바람에 민감한 형태를 만들어 내기도 한다. 부채꼴(fan)노즐은 매력 있고, 크고 차단막 형상이며 30도 각도의 부채꼴로 분사되는 장면을 만들어 낸다. 핑거형 노즐은 수직적이거나 사선형, 별나게 이상한 그리고 수막이 찢기는 것 등을 연출한다. 공기가 노즐에 첨가되면, 그 분사형태는 강력한 바람에 저항하는 형태로서 풍선처럼, 거품이 이는 아주 대조적인 모습이 된다. 〉그림 81 참고 정교한 전환 메커니즘과 고속압력밸브는 흔들리고, 춤추는 듯 한 모습을 만든다.

외부에 설치된 안개분수는 분수의 독특한 형태로서, 그 물은 고압밸브를 이용해서 분사된다. 그 멋진 안개는 대기 온도를 낮추어 여름에 상쾌한 분위기를 연

\\Tip:

물의 흐름율이 낮으면, 부착력은 형상을 만드는 것으로 맑은 흐름을 멈추고 자유낙하로 전환되게 된다. 폭포로 " 모인 " 물은 다시 굽이치거나, 맘대로 낙하하거나 흐름이 끊기기도 한다. 바닥에서 배수구 입구를 파놓는 것은, 예를 들어, 돌에 거친틈 모양같은, 이런 문제를 해결해준다.

\\ 참고:

분수디자인에서 물탱크의 정확한 크기를 고려하는 것은 중요하므로, 바람으로 운반된 물은 정확히 예측된다. 흐름 높이와 물탱크 너비는 1:2이고, 강풍에 는 1:3을 추천된다. 밀집공간에서, 이는 인접사용과의 차이점을 나타낸다. 이는 자동풍량조절 시스템에서 정확한 상황을 알려주게 된다.

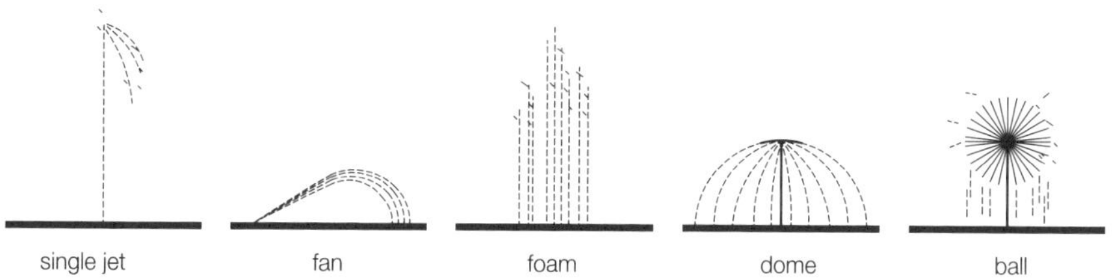

그림 71:
다양한 물 형상의 연출

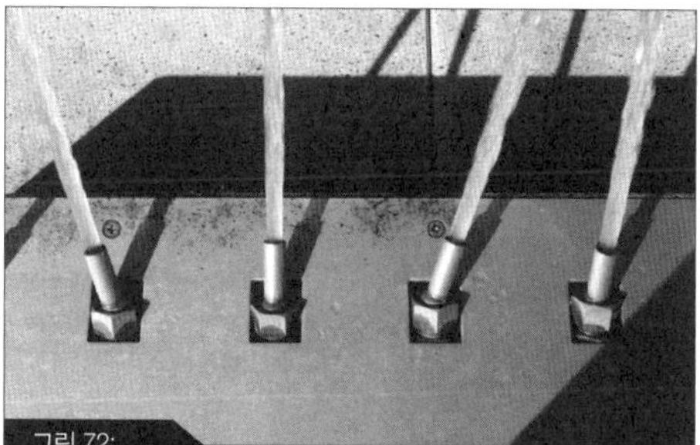

그림 72:
단순한 물줄기의 분사노즐

그림 73:
일시적 안개 둑을 만드는 아쿠아틱 놀이시설

출한다. 그것은 계속 변화되고 빨리 사라지는 형상을 만들고 투명과 불투명 사이에서 매력을 갖고 동요하게 만든다. 설비가 잘 된 노즐은 불순물과 탄산칼슘이 섞인 물을 보기 좋게 만들어 주고 물손실의 수준은 바람상황에 따라 달라지므로 계속해서 물을 유입시켜야 한다. 〉그림 73 참고

3.6 펌프와 기술력

물의 움직임은 높이와 압력에서의 균형의 차이로 발생되거나 펌프, 파이프 시스템, 저장탱크에 의해 인공적으로 생기게 된다.

펌프의 종류
Pump types

잠수펌프는 공간절약을 위해 수조중앙 물속에 자리하며 인접창고 내에서 보호된다. 바닥에 닻을 내리고 호수중앙 수면에 띄워질 수도 있고 대형 분수설비 디자인에도 활용된다.

펌프장과 분리된 물 외부의 드라이펌프는 케이블로 탱크와 연결되어 있다. 드라이펌프는 합쳐 놓기에 너무 복잡해서 더 비싸지만, 큰 노력 없이 유지될 수 있

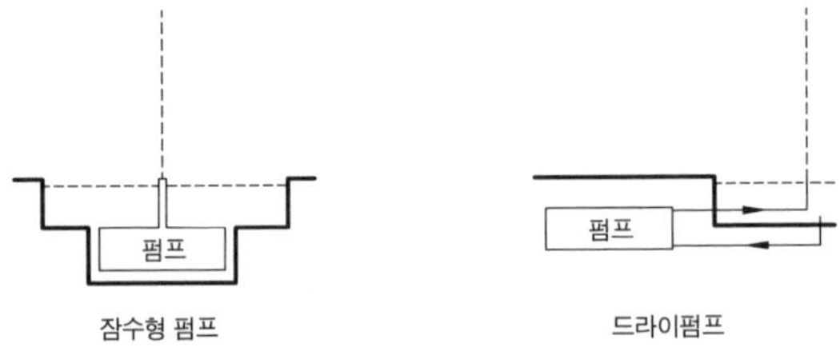

그림 74:
잠수형펌프 및 드라이펌프의 원리

설비
Installation

어 비용 효율상 더 유리하다. 대형, 공공용 설비에 많이 사용된다. 〉그림 74 참고

펌프는 사고에 대비 보호망으로 둘러쳐야 하며 필터와 규조토 여과장치로 불순물을 걸러낸다. 플로트스위치와 마그네틱스위치, 그리고 컴퓨터프로그램으로 자동 작동된다.

설비의 종류와 크기, 물의 계획상 움직임과 크기는 펌프선택에 결정적이다. 더 작고, 더 단순한 설비에서는 조립식 방법으로 훨씬 유용성을 갖게 되어 보통 여유가 있다. 펌프는 디자인을 고려할 때 전문기술자와 제조자의 충고와 조언을 잘 듣는지 여부가 설비의 운용비용에 크게 연관을 갖게 된다.

\\ 참고:

자체 물탱크를 갖추지 못한 폭포와 수로설비에서, 설치된 펌프가 마지막 바탕칸막이에 있는 다른 움직이는 물을 모으게 된다. 필요한 양은 눈에 보이는 연못과 탱크에 저장하게 되며, 이때 수위의 동요가 확실하게 보이며 또한 적절한 양과 경계가 필요하게 된다. 잘 감추어진 지하의 집수탱크는 시각적 효과를 감소시키게 되어 디자인을 해야할 이유가 생기게 된다.

\\ 사례:

독일의 경관공원에서와 같은 역사적인 시설은 종종 낮은 곳까지 채우도록 하는 상부탱크의 기능을 활용한다. 그러나 일정한 수준의 펌프능력으로 특별한 시간에는 좋은 경관으로 비워놓기도 한다. 이러한 기술을 가지고, 움직이는 분수는 다른 시간에는 작동하지 않고 제한된 계획 시간대에만 사용된다. 현대의 설비에서 펌프는 특별한 대상으로, 또 융통성을 갖게 되어, 시간을 조절하고 작동시키기도 한다.

3.7 조명

암흑은 속히 어두워져 수면을 통과할 수 없게 하여 물의 시각적 매력을 앗아갔다. 특히 조명의 개념은 야간에 물을 움직이고 독특한 빛으로 극적 연출을 하는 디자인을 창조한다.

외부의 광원
Outside light sources

외부에서 수면으로 빛을 비추면 다른 어두운 면에서 부드럽게 반사가 일어난다. 반사의 강도는 광원의 밝기, 빛과 수면과의 거리, 컬러스펙트럼, 수면의 움직임에 따라 달라진다. 컬러는 광원에 의해 첨가될 수 있으나 반사되면 더 옅어지고 덜 진해진다.

수중 광원
Underwater light source

강한 광도는 물 속 광원에 의해 만들어질 수 있다. 그것은 수조주변, 땅 속, 분수 주변을 따라 설치될 수 있다. 빛의 밝기에 따라 주변 시설물과의 거리, 물의 투명도, 수조 벽에서의 반사 등이 수공간 전체를 비출 수 있게 된다. 수면의 움직임에 따른 물의 밝은 면으로부터 발산된 상이한 굴절각도는 계속해서 구조패턴을 변화시키고, 빛의 움직임을 비추어서 주변 환경에 그림자를 만들어 준다.

특별한 수중조명과 차가운 광원만 수중조명계획에 사용될 수 있다. 이 과정에서 외부 광원에서 온 빛은 유리섬유를 경유해서 물속으로 안내된다. 컬러는 필터를 사용해 덧붙여질 수 있다

3.8 식재

물의 이미지는 항상 식재가 포함된다. '모네의 수련' 에는 연못가에 버드나무가 펼쳐져 있고, 바닷가의 부드러운 갈대의 흔들리는 소리가 나는 듯 한 장면이 있다. 건축 디자인 조차 그 강렬한 선들을 막고 있고 완만한 지형과 나무의 움직임이 합쳐져 정교한 형태를 이루고 있다.

그 높이, 밀도, 컬러 그리고 잎사귀의 구조는 일 년 내내 변화한다. 나무는 공원이나 경관지역 같은 넓은 공간에서 그들의 매력을 나타낸다. 더 작은 공간에서는 주로 관목에 의한 특성을 나타낸다.

입지 선정
Choosing a location

식재는 그 개별적 요구에 적합한 지역에서 번창할 뿐이다. 이러한 서식지는 빛, 토양, 물 등의 다양하고 특수한 조건에 따라 결정된다. 버드나무, 오리나무 같은 것은 관목보다 더 내성이 강하며 환경에서 변화와 동요에 민감하게 반응한다.

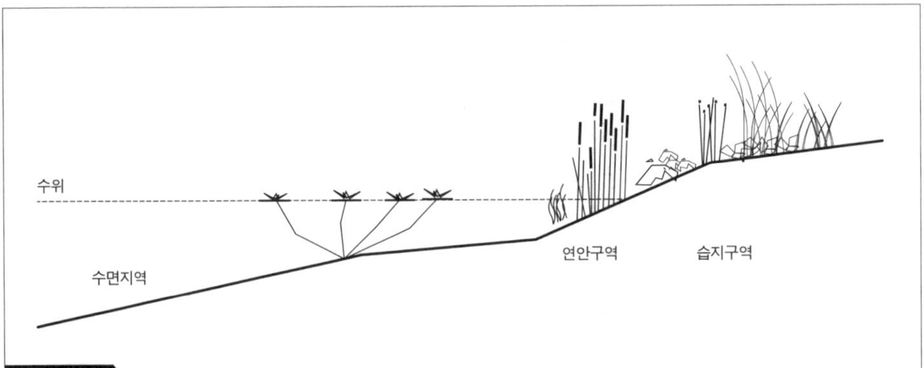

그림 75:
경계부의 식재 구역

식물 서식지는 각각 물과의 이상적인 거리에 따라 다른 구역에 자리 잡게 된다. 〉그림 75 참고 습지는 물 가장자리에서 좀 떨어져 있다. 모세관효과는 토양에 습기를 유지시켜 주어 가끔 범람하기도 한다. 이는 관목류와 습지식물에는 완벽한 서식지로 지속적으로 습기를 유지할 수 있다. 반수경식물은 그 다양성에 따라 60cm 정도의 깊이에서 자란다. 더 깊은 지역에는 뿌리는 땅에 있지만 잎은 수면에 떠 있는 식물에 이상적이며, 물에 부유하는 식물이나 수중식물도 있다.

식물은 물 움직임에 민감하며 흐름강도에 따라 다양한 식물의 선정이 제한될 수 있다. 등나무숲의 잎들은 휘어지고 수중식물은 물 움직임이 아주 강해지면 뿌리가 뽑힌다. 움직이는 분수처럼 잎에 떨어진 물은 확대경 효과를 갖기도 하고 식물에 흉한 모습을 남기기도 한다.

성장력
Growing power

정확한 영양분과 충분한 물을 지닌 양호한 서식지가 주어지고 놀랄만한 활동력과 성장력을 가진 수생식물은 단기간에 수변 디자인의 모습을 변화시킨다. 식물다양성은 중지될 것이다. 즉, 수면이 완전한 과다식생이 이루어지게 된다. 중간시기의 식물 안정성은 전체적인 설비규모가 식생지역을 수용하기에 충분하면, 식물 하부토양의 영양이 부실하면, 식생의 성장이 제한적인 작은 그릇에 있다면, 또 설비가 정규적으로 유지관리 된다면 그때는 확실해 진다. 〉그림 77 참고

그림 76:
버드나무는 모든 나라문화의 수변과 강변경관의 상징물

그림 77:
기하학적 리플렉팅풀에있는 침수형 화분 속 수련

매력과 안정성 그리고 시각적 구조미가 요구된다면, 식물의 올바른 선택과 결합이 다양성과 밀도의 측면에서 적합하게 될 필요가 있다.

3.9 수질

공해, 변화 그리고 변신에 초점을 둔 많은 미학적 요구의 예가 증가함에도 불구하고 이상적으로 깨끗하고 신선하며 투명한 물에 대한 요구를 하는 다른 예가 있다. 어두운 빛깔의 물, 해조류, 또는 소금기가 있고, 불결한 냄새가 나는 물은 생물학적 균형감이 부족할 뿐 아니라 디자인상으로도 실패라고 할 수 있다. 〉그림 78 참고

\\ Tip:

생물학적 요소는 수변 식물의 자연 존재에 영향을 준다. 이것은 우리가 수변에서 종종 접하고 수변공간의 상징과 같은 갈대와 버드나무 같은 식물들에 대한 시각적 경험에 영향을 준다. 이것들은 아마 디자인 요소로 전략적으로 사용될 수 있을 것이다. (그림 76 참조)

그림 78:
수면 전체를 덮은 두꺼운 해조류의 껍질들

생물학적 평형
Biological equilibrium

생물학적 평형이란 깨끗하고 투명한 물의 전제조건이다. 이는 식물, 동물, 미생물과 같은 생산자와 소비자가 서로서로 균형을 맞추었을 때만 이루어진다. 또 물에 보기 좋게 그림자가 드리우거나, 산화에 따른 물의 움직임이 있다면, 그리고 물이 더 크고, 더 깊어서 더 차갑다면 잘 개발되지 못하게 될 것이므로 동물 개체수가 줄어들 것이다.

폐쇄된 시스템에서 생물학적 평형은 물이 전기적이고 화학적인 과정을 통한 자연 및 인공적 방법에 의해 계속해서 변화되고 정화될 필요가 있다.

자연 정화
Natural cleaning

노출된 수면의 균형 있는 비율을 가진 수영연못과 자정능력을 가진 경계수면 등과 같은 더 크고 자연스러운 설비는 거의 독자적인 자체정화방식을 사용한다. 이것은 갈대와 부들, 진흙골풀, 사초식물들이 포함된 인공 습지에서 물을 정화한다. 이 계획의 기반은 외부의 영양요소와 해로운 부산물 등을 분해하고 물에 산소를 공급하며 정화에 기여하는 미생물의 완전한 서식지에 있다고 할 수 있다.

경계구역을 따라 모래여과 방식을 활용해서 기계적인 재순환을 통해 자연 정화능력을 갖게 하는 하이브리드시스템은 공공 수영연못과 같은 사용량이 많은 설비에 추천할 수 있다.

인공 정화
Artificial cleaning

인공적 정화는 자연적 과정을 모방했지만 작은 공간에 집중된다. 최초의 기계적 수력 단계에서는, 망에 걸려 물에 떨어진 큰 부스러기와, 그믈국자, 여과기, 수정모래필터 등에 의해 걸러진 부유침전물 등이 제거된다. 다음의 화학처리 단계에서는 물의 pH가 산도의 추가와 pH 자동조절기로 침출시켜 중화된다. 박테리아는 외부에서 사용될 때 또는 과산화수소나 은산화물을 첨부할 때 논쟁이 있었던 염소와 같은 살균제로 박멸되게 된다.

기술 조건이 완성되는 것은 신선한 물을 제외하고 식생이 없는 건축설비에는 자연정화능력이 없다는 것이 상식이 되는 것이다. 수변 레크리에이션 지역과 같은 설비에서는 위생적이고 양질의 수처리가 매우 필요하다.

3.10 안전성

물은 항상 매력과 위협적인 점을 동시에 가지고 있다. 그래서 디자인 요소로 물을 사용할 때는 사고의 위험에 대비하여 안전성 조건이 매우 높다. 깊은 물과 관리범위를 벗어난 물, 그리고 펌프나 유입 파이프와 같은 수중 기술 장비 등을 포함한 여러 가능한 위험성이 있다.

예방책
Precautions

설치완료 후 안전성 측정요소들을 통합하는 것은 디자인에 항상 손해를 입힌다. 디자인 단계에서 이 문제들을 찾고, 전체 개념의 일부로서 안전성 측면을 고려하기 위해 더 많은 감각들이 만들어진다. 가장 중요하게 고려해야 할 점은 :

_ 물로의 접근 방법 : 폐쇄된 곳과 접근 가능한 둑은 두 곳의 차이를 방문객이 쉽게 알도록 디자인되어야 한다. 접근가능 둑은 경사로, 계단, 계단형 돌 그리고 핸드레일 등으로 접근이 용이하도록 해야 한다.

_ 안전한 물의 깊이 : 안전한 깊이는 어린이들이 노는 곳이 기준이 된다. 깊은 물에서는 비교적 낮은 깊이까지 수중 격자망이 설치될 수도 있다. › 그림 79 참고

_ 물 밖으로의 양호한 탈출경로 : 사고발생시, 타인의 도움 없이 물을 쉽게 벗어나는 것이 필요하다. 이는 1/3 이하의 완만한 경사와 계단, 사다리 등으로 해결될 수 있다.

_ 장비 안전성 : 유입 파이프나 잠수펌프와 같은 기술 장비는 사고에 대비해서 그물망으로 덮어야 한다.

그림 79:
깊은 물의 수면 아래에 설치된 안전 그물망

3.11 동절기 보호

지역에 따라서는 동절기에 얼음이 얼어서 눈과 얼음 같은 특별한 미학적 효과를 개발할 수 있게 되는 기간이 일 년의 반을 넘길 때가 있다. 물의 이상변화 때문에 얼음이 얼면 부피가 10% 늘어나며, 낮은 온도는 물 관련 설비의 기술 장비들을 위협할 수도 있다. 이를 보호하기 위해 대부분의 설비는 초겨울에 비우고 폐쇄시킨다. 그것은 영구설비에 비해 포기되고, 어둡고, 보기 싫은 것처럼 보인다. 좋은 디자인이란 하나의 디자인과 기술적 관점, 그리고 적절한 디자인에의 반영 등으로부터 (동절기와 같은) 폐쇄적인 점을 참작하여 일 년 내내 설비상태를 고려하는 것이다.

기술적 지연
Technical delays

정지된 물은 움직이는 물보다 훨씬 빨리 언다. 물과 탱크를 가열하는 것이나 화학물질을 첨가하는 것은 동결을 방지하거나 적어도 연장시킬 수 있지만, 높은 시공비와 유지비는 이 해결방식이 별로 매력적이지 못함을 알려준다.

비워진 설비
Emptied installations

동결 위험이 있는 설비는 보통 잠가 놓고 동절기 초기에 완전히 비워놓는다. 이 시기에는 유출시에만 배수구를 개방시켜 놓도록 한다. 강수, 누수, 응축 등도 또한 얼 수 있다.

단순한 구조물은 동절기에 폐쇄될 수 있고 보호가 필요없다. 좋은 조각이나 장식물이 있는 분수와 같은 중요한 시설물은 나무상자 등으로 보호되어야 한다.

충진된 설비
Filled installations

진흙이나 실트모래 같은 건조에 민감한 것이나 밀식된 식물과 동물군을 가진 바탕을 가진 설비는 동절기 동안 물로 채워 놓는다. 이러한 설비에 손상을 피하기 위해서는 동결의 확대를 허용하는 충분한 공간이 필요하다. 기존의 폐쇄되고 물이 채워진 파이프는 동결에 보호되어야 한다. 지역 기후에 따라 동결심도가 달라진다. 평균 동결심도는 0.8-1.2m 이다.

지역과 기후에 따라 정확히 선정된 겨울식물은 동결보호가 필요 없다. 수중동물의 생존을 확보하기 위해 얼음층 아래에 필요한 만큼의 서식지처럼 제공하기 위해 적절한 양의 동결방지 물이 있어야 한다.

춘계 세척
Spring cleaning

겨울 막바지에는 보호공간이 제거되고, 잎, 진흙, 쓰레기 등이 제거되고, 울창한 식물이 되돌아오는 세척시기가 도래했다는 신호가 온다. 시설을 재개장하기 전에 장비를 투입하여, 설비는 손상가능성을 체크 받아야 한다.

3.12 비용 효과

조경건축에서 3가지 디자인 요소 - 식생, 지형, 물 - 은 비용에 가장 오랜 기간 영향을 주는 것들이다. 그러나 초기 비용이 가장 중요하지는 않다. 중간 규모의 인공적인 수변설비와 쌓아 올리기와 같은 단순시공비용을 말한다. 더 나아가 정교하게 움직이는 분수가 집중되어진 규모 때문에 비교적 생산에 적절한 비용이 든다.

수공간 설비를 운영 기간 중에 비싸게 만드는 것은 지속적인 보호와 유지관리 및 보수 등이다. 그 경제적인 요인은 실행해서 좋은 디자인과 기술적 완성도에 장애가 되거나 재정부족으로 설치가 무산될 수도 있다.

지속가능 디자인은 계획과 개념설정 단계에서 비용을 고려해서 지속적이고 집중적인 디자인을 위해 노력해야 한다. 기존 요소들이 적절하게 개발되고 디자인되면 이것이 가능해 질 것이고, 또 필수 기술 기준이 낮아지면, 그리고 그 솜씨가 디테일까지 잘 정리되면 구조적으로 실행 가능해지게 된다.

개념의 최적화
Optimizing the concept

개념상, 대지에 따른 해결방식과 지역적으로 유용한 것들은 시너지적 활용과 비용상 최상의 조건이 만들어질 수 있다. 실개천에 잠기도록 재개발되고 개방될 수 있으며, 기존 수조가 새로운 방식으로 활용되거나, 우수가 개방 수로로 잘 흐르게 되거나, 물탱크나 연못으로 직접 유입되도록 할 수 있다. 〉그림 80 참고

기준의 적절성
The oppropriate

디자인에서 한층 큰 내구성을 갖게 되고 허용 기준이 낮아지는 것은 수공간 설비를 더욱 쉽게 시행되고 유지되게 할 수 있다. 이러한 것은 자연스러운 과정을 통해 덜 비싸게 통합하게 한다. 예를 들면, 자체 정화력에 의존하는 주변 천연 수영연못의 경우에 정교하게 비용을 들여 만든 기술적 설비를 만든 전통적인 수영장보다 오히려 경제적이다.

〉

시공의 적정성
Optimizing the construction

추후 보수 필요성을 피하기 위해 확실한 비용 - 효과적인 시공을 통해 지속적인 해결방안의 선택이 추천되고 있다. 단순화하고 보수와 유지가 줄어들 가능성은 개발되어야 한다. 즉, 유지를 위해 용이한 접근가능성이 제공됨으로써, 또는 예비 부분의 개발을 촉진하는 시너지요소들과 유용성을 위해서 동일한 작동기를 포함한 다른 요소들로 설비를 측정함으로써 남게 되는 초과부분에 대비하여 보호된다.

\\ 사례:

2002년에 독일의 Grossenhain에서는 야외 수영장이 천연 수영장로 변경되었다. 재생된 수면의 2000㎡는 인근의 3000㎡ 수영연못에 인접해 있고, 이는 하루 1,800명이 이용하고 있다. 이 천연 수영장은 전통적인 수영장에 비해 운영비가 40% 정도 줄어들었다.

그림 80:
우수가 모이고 식생과 목제데크가 있는 수조는 공공광장의 시각적 초점 역할을 함

그림 81:
루브르 박물관 전면광장의 수공간

인공적인 설비에서의 주요 참고사항 :

_ 물을 채우고 교체하는 비용을 최소화하기 위해 가능하면 수심을 얕게 유지한다.

_ 펌프는 에너지와 물 사용의 적절성을 위해 정확 요구조건에 따라 개별적으로 설치해야 한다.

_ 움직이는 분수는 초과 물 손실을 줄이기 위해 바람의 통로를 피해야 한다.

_ 동절기 보호기준을 통해 기술 장비의 손상을 막을 수 있다.

자연적인 설비를 위해

_ 물은 너무 빨리 뜨거워지지 않게 가능하면 큰 용량으로 한다.

_ 식생은 성장을 위해 필요한 크기의 회분에 식재해야 한다.

_ 물고기는 조류를 성장하게 촉진하는 영양분을 제공하기 때문에 도입하지 말아야 한다.

4. 결론

물은 외부공간의 디자인에서 필수적으로 거의 피할 수 없는 요소라고 할 수 있다. 그 상징적 특성과 원기, 독특한 감성적 특질, 그리고 무한한 다양성은 적합성과 시각적 이미지를 가지고 전체적으로 특별한 개념을 개발할 기회를 제공해준다. 수공간 디자인은 -어떻게 자연스러운 기능을 가질 것인가, 그 움직임에 어떻게 느낄 것인가, 얼마나 보는 사람들의 감성을 움직일 것인가 여부가 사람들의 관심을 잡아두게 된다. 물과의 접촉은 전체적인 맥락과 연계해서 깊이 뿌리박힌 반응을 유발하고, 디자인 프로세스의 기반이 되는 대지의 독특함, 재료의 정확도, 숙련의 정도에 대한 반응 등을 촉발하게 된다.

물은 자유다. 물리적인 설명의 범주 내에서, 거의 무한한 창조의 공간이 있다고 할 수 있다. 물은 호기심과 함께 실험을 위한 욕망을 유발시킨다. 그 오랫동안 지속되는 모습은 늘 경외의 대상이 된다. 이 책은 - 관심을 자극하고, 실험의욕을 불러내고, 덜 다루어진 길을 탐험하도록 촉발시키는 것들을 소개함을 그 목적으로 하였다.

수생식물

아래 표는 적절한 수생식물의 개관과 식생에 대한 가이드라인을 보여준다.

표 1:
습지에서의 관목군

종 류	영어명	태양노출도	수고 (cm)	개화 (월)	꽃 색
Ajuga reptans	Common bualeweed	Half-shade	10 - 20 cm	IV - V	청색
Caltha palustris	Marsh marigold	Sun to half-shade	30 cm	III - IV	황금색
Cardamine pratensis	Cuckoo flower	Half-shade to shade	30 cm	IV - VI	핑크
Carex elata "Bowles Golden"	Bowles' golden sedge	Sun to half-shade	60 cm	VI	갈색
Carex grayi	Grey' s sedge	Sun to shade	30 - 60 cm	VII - VIII	녹갈색
Darmera peltata	Indian rhubarb	Sun to half-shade	80 cm	IV - V	핑크
Eupatorium species	Gravel root	Sun to shade	80 - 200 cm	VII - VIII	핑크
Filipendula ulmaria	Meadowsweet	Sun to half-shade	120 cm	VI - VIII	크림
Frittilaria meleagris	Checkered lily	Half-shade	20 - 30 cm	IV - V	바이올렛
Geum rivalo	Water avens	Sun to half-shade	30 cm	IV - V	금갈색
Gunnera tinctoria	Giant rhubarb	Sun	150 cm	IX	빨강
Hemerocallis wild species	Daylily	Sun-half-shade	40 - 90 cm	V - VIII	노랑/오렌지
Iris sibirica	Siberian iris	Sun to half-shade	40 - 90 cm	V - VI	바이올렛
Leucojum vernum	Spring snowflake	Half-shade to sun	20 - 40 cm	II - IV	흰색
Ligularia species and hybrids	Ragwort	Sun to half-shade	80 - 200 cm	VI - IX	노랑/오렌지
Lysimachia clethroides	Gooseneck loose-strife	Sun to half-shade	70 - 100 cm	VII - VIII	흰색
Lythrum salicaria	Purple loose-strife	Sun to half-shade	80 - 140 cm	VII - IX	바이올렛
Myosotis palustris	Water forget-me-not	Sun to half-shade	30 cm	V - IX	청색
Primula species and hybrids	Primrose	Half-shade to shade	40 - 60 cm	II - VIII	흰/노랑/핑크레드/오렌지/바이올렛
Tradescantia-Andersoniana hybrids	Andersons Spiderwood	Sun	40 - 60 cm	VI - VIII	청/흰색 바이올렛 심홍색
Trollius europaeus/Trollius hybrids	Globe-flower	Sun to half-shade	40 - 70 cm	IV - VI	노랑/오렌지
Veronica longifolia	Garden speedwell	Sun	50 - 120 cm	VII - VIII	청색

표 2:
제방에서의 관목군

종 류	영어명	태양 노출도	수심 (cm)	수고 (cm)	개화 (월)	꽃 색
Acorus calamus	Sweet flag	Sun to half-shade	0 - 30 cm	to 120 cm	V - VI	노랑
Alisma plantago-aquatica	Water plantain	Sun to half-shade	5 - 30 cm	40 - 80 cm	VI - VIII	흰색
Butomus umbellatus	Flowering rush	Sun to half-shade	10 - 40 cm	100 cm	VI - VIII	핑크
Calla palustris	Water arum	Sun to half-shade	0 - 15 cm	to 40 cm	V - VII	연노랑
Caltha palustris	Marsh marigold	Sun to shade	0 - 30 cm	to 30 cm	IV - VI	노랑
Carex pseudocyperus	Cypress-like sedge	Sun	0 - 20 cm	80 cm	VI - VII	-
Equisetum fluviatale	Swamp horsetail	Sun to half-shade	0 - 5 cm	20 - 150 cm	-	-
Hippuris vulgaris	Common marestail	Sun to half-shade	10 - 40 cm	40 cm	V - VIII	녹색
Iris pseudocorus	Yellow flag	Sun to shade	0 - 30 cm	60 - 80 cm	V - VIII	노랑
Phragmites australis "Variegatus"	Common reed (yellow striped variety)	Sun	0 - 20 cm	120 - 150 cm	VII - IX	갈적색
Pontederia cordata	Pickerel weed	Shade to half-shade	0 - 30 cm	50 - 60 cm	VI - VIII	청색
Sagittaria sagittifolia	Arrowhead	Sun	10 - 40 cm	30 - 60 cm	VI - VIII	흰색
Scirpus lacustris	Bulrush	Sun to half-shade	10 - 60 cm	to 120 cm	VII - VIII	갈색
Sparganium erectum	Bur-reed	Sun to half-shade	0 - 30 cm	100 cm	VII - VIII	녹색
Typha angustifolia	Narrow leaf cattail	Sun	0 - 50 cm	150 - 200 cm	VII - VIII	적갈색
Typha minima	Miniature cattail	Sun	0 - 40 cm	50 - 60 cm	VI - VII	갈색
Veronica beccabunga	Brooklime	Sun to half-shade	0 - 20 cm	40 - 60 cm	V - IX	청색

표 3:
수생식물군

종 류	영어명	태양 노출도	수고 (cm)	개화 (월)	꽃 색
Callitriche palustris	Common water-wort	Sun to half-shade	10 - 30 cm	-	-
Ceratophyllum demersum	Hornwort	Sun to half-shade	30 - 100 cm	여름	안보임
Elodea canadensis	Canadian pond-weed	Sun	20 - 100 cm	-	-
Hydrocharis morsus-ranae	European frog-bit	Sun to half-shade	from 20 cm	VI - VIII	흰색
Myriophyllum verticillatum	Myriad leaf	Sun to half-shade	30 cm	VI - VIII	핑크
Lemna minor	Duckweed	Sun	from 20 cm	-	-
Lemna trisulca	Star duckweed	Sun	from 20 cm	-	-
Nuphar lutea	Yellow water-lily	Sun to shade	40 - 100 cm	VI - VIII	노랑
Nymphaea alba	White water-lily	Sun	60 - 100 cm	V - VIII	흰색
Nymphaea-Hybriden, e.g. "Anna Epple", "Charles de Mourvillc", "Marliacea Albida", "Maurica Laydeker"	Water-lilies: hybrids	Sun	40 - 60 cm	VI - IX	핑크/ 버건디/ 순백/ 부라
Nymphaea odorata "Rosennymphe"	Fragrant water-lily	Sun	40 - 60 cm	VI - IX	핑크
Nymphaea tuberosa "P⊠stlingberg"	Tuberous water-lily	Sun	60 - 80 cm	VI - IX	흰색
Nymphoides peltata	Yellowfloating-heart	Sun to half-shade	40 - 50 cm	VII - VIII	노랑
Potamogeton natans	Broad-leafed pondweed	Sun to half-shade	40 - 100 cm	VI - IX	흰색
Ranunculus aquatilis	Water crowfoot	Sun	30 cm	VI - VIII	흰색
Stratiotes aloides	Water soldier	Sun to half-shade	30 - 100 cm	VI - VIII	흰색
Trapa natans	Water chestnut	Sun	40 - 120 cm	VI - VII	연청색
Utricularia vulgaris	Bladderwort	Sun to half-shade	20 - 40 cm	VII - VIII	노랑

참고문헌

Alejandro Bahamón: *Water Features*, Loft Publications, Barcelona 2006

David Bennett: *Concrete*, Birkhäuser Verlag, Basel 2001

Bert Bielefeld, Sebastian El khouli: *Basics Design Ideas*, Birkhäuser Verlag, Basel 2007

Ulrike Brandi, Christoph Geissmar-Brandi: *Lightbook, The Practice of Lighting Design*, Birkhäuser Verlag, Basel/Boston 2001

Francis Ching: *Architecture: Form, Space and Orde*r, Van Nostrand Reinhold, London/New York 1979

Christian Cajus Lorenz Hirschfeld: *Theory of Garden Art*, University of Pennsylvania Press, Philadelphia, PA 2001

Paul Cooper: *The New Tech Garden*, Octopus, London 2001

Herbert Dreiseitl, Dieter Grau, Karl Ludwig: *New Waterscapes*, Birkhäuser Verlag, Basel 2005

Edition Topos: *Water, Designing with Water, From Promenades to Water Features*, Birkhäuser Verlag, Basel 2003

Renata Giovanardi: *Carlo Scarpa e l'aqua, Cicero editore*, Venice 2006

Richard Hansen, Friedrich Stahl: *Perennials and Their Garden Habitats*, Cambridge University Press, Cambridge 1993

Teiji Itoh: *The Japanese Gardens*, Yale University Press, New Haven/London 1972

Hans Loidl, Stefan Bernhard: *Opening Spaces*, Birkhäuser Verlag, Basel 2003

Gilly Love: *Water in the Garden*, Aquamarine, London 2001

Ernst Neufert: *Architects' Data*, Blackwell Science Publishers, Malden, MA 2000

OASE Fountain Technologie 2007/08, http://www.oase-livingwater.com/

George Plumptre: *The Water Garden*, Thames & Hudson, London 2003

TOPOS 59 – *Water, Design and Management*, Callwey Verlag, Munich 2007

Udo Weilacher: *Syntax of Landscape*, Birkhäuser Verlag, Basel 2007

Stephen Woodhams: *Portfolio of Contemporary Gardens*, Quadrille, London 1999

그림출처

All drawings plus the illustration on page 8 (Latona Fountain in Versailles, LeNotre), 2, 3 (Bundesplatz in Bern, Staufenegger + Stutz), 6, 7, 8 (City park in Weingarten, lohrer.hochrein with Bürhaus), 10 (Landscape Park in Basedow, Peter Joseph Lenné), 11 (Park Vaux-le-Vicomte in Meaux, Le Notre), 12 (Fountain in Winterthur, Schneider-Hoppe/Judd), 13, 14 (Japanese Garden in Berlin, Marzahn, Shunmyo Masuno), 15 (Zeche Zollverein in Essen, Planergruppe Oberhausen), 16 (Villa Lante Garden in Viterbo, da Vignola), 18 (Spa Gardens in Bad Oeyn hausen, agence ter), 19 (Bertel Thorvaldsens Plads in Copenhagen, Larsen/Capetillo), 20 (Fountain in Park Schloss Schlitz , Schott), 21 (Duisburg Nord landscape park, Latz and Partner), 22 (Spa Gardens in Bad Oeynhausen, agence ter), 23 (Cloister Volkenroda, gmp), 24 (Oberbaum City in Berlin, Lange), 25 ("Fuente" drinking fountain, Battle + Roig), 26, 27 (Allerpark in Wolfsburg, Kiefer), 28 (Botanical garden in Bordeaux, Mosbach), 29, 30 (Outdoor swimming pool in Biberstein, Schweingruber Zulauf), 31 (City park in Burghausen, Reh wald), 32 (City garden in Weingarten, lohrer.hochrein mit Bürhaus), 33, 34 (Paley Park in New York, Zion & Breen), 35 (Oriental Garden in Berlin, Louafi), 36, 37, 38 rechts (Mosaics in Saint-Paul de Vence, Braque), 39 (Villa d'Este in Tivoli, Ligori and Galvani), 43, 44, 45 (Cemetery in Küttigen, Schweingruber Zulauf), 46 (Promenade in Kreuzlingen, Bürgi), 47, 48 (Fountain in Dyck, rmp), 49 (Fountain in Bregenz, Rotzler Krebs Partner), 50 (Fountain in Valdendas), 51, 52 (Garden in Hestercombe, Jekyll), 54, 55 (Sundspromenaden in Malmö, Andersen) , 56 (Garten der Gewalt (Garden of Violence) in Murten, Vogt), 59, 60 (Brückenpark in Müngsten, Atelier Loidl), 61 (Ankarparken in Malmö, Andersson), 62, 64, 65 (Fountain in Saint-Paul-de-Vence, Miro), 66 (City garden in Erfurt, Kinast, Vogt, Partner), 67, 68 (Villa Lante Garden in Viterbo, da Vignola), 69, 70, 72, 73 (Parc de la Villette in Paris, Tschumi), 76 (Chinese Garden in Berlin, Pekinger Institut für klassische Gartenarchitektur), 77 (Open spaces on Max-Bill-Platz in Zurich, asp), 78, 79, 80 (Inre Strak in Malmö, 13.3 landskapsarkitekter), 81 (Louvre in Paris, Pei): lohrer.hochrein landschaftsarchitekten

Figure 40 (Elbauenpark Magdeburg, Ernst. Heckel. Lohrer with Schwarz und Manke), 53, 63 (Rubenowplatz in Greifswald, lohrer.hochrein): Hans Wulf Kunze

역자 소개

반상철_홍익대 · 홍익대 · 홍익대
서원대학교 조형환경학부 건축학과 교수.

Basics
DESIGNING WITH WATER
수공간 디자인의 기초

Axel Lohrer 저
반상철 옮김

1판 발행 2012년 1월 31일 발행

발행인 겸 편집장 김기현
발행처 시공문화사 ***Spacetime***
등 록 1993년 3월 12일
주 소 서울시 서대문구 현저동 200 극동빌딩 5층
전 화 02) 3147-1212, 2323
전 송 02) 3147-2626
ISBN 978-89-5592-207-3
http://www.spacetime.co.kr
spacetime@korea.com

정가 9,500원